Pocket Power

Angela Hemmrich
Horst Harrant

Projektmanagement

In 7 Schritten zum Erfolg

4. Auflage

HANSER

Bibliografische Information der Deutschen Nationalbibliothek
Die Deutsche Nationalbibliothek verzeichnet diese Publikation in der Deutschen Nationalbibliografie; detaillierte bibliografische Daten sind im Internet über http://dnb.d-nb.de abrufbar.

unveränderter Nachdruck der 4. Auflage von 2016
www.hanser-fachbuch.de/pp

Lektorat: Lisa Hoffmann-Bäuml
Herstellung: Arthur Lenner
Layout: Der Buch*macher,* Arthur Lenner, München
Umschlaggestaltung: Parzhuber & Partner GmbH, München
Umschlagrealisation: Stephan Rönigk
Druck und Bindung: Kösel, Krugzell
Printed in Germany

ISBN 978-3-446-44620-5

E-Book-ISBN 978-3-446-44733-2

Inhalt

1 Einleitung

Projektmanagement ist eine der interessantesten und herausforderndsten Aufgaben im beruflichen Umfeld.

Warum? Es gibt kaum eine andere Tätigkeit, die so vielseitig ist und so hohe Anforderungen an die fachlichen, die methodischen aber auch die sozialen Kompetenzen stellt. Projektleitung bedeutet den Umgang mit Menschen aus unterschiedlichen Bereichen, z. B. Kunden, Vorgesetzten, Projektmitarbeitern, firmeninternen Abteilungen, Lieferanten, Behörden. Diese Kombination und die „Einmaligkeit" von Projekten in ihrer Gesamtheit verhindern das Abgleiten in Routinetätigkeiten und garantieren eine Vielzahl von interessanten Aufgaben. Jeder Tag im Projekt ist einzigartig und mit immer neuen Aufgaben, Herausforderungen, Risiken, Chancen und Überraschungen versehen. Deshalb sind die Autoren der Meinung:

Projektmanager ist der schönste Beruf der Welt!

Erfolgreiche Projekte sind heute für viele Firmen von größter Bedeutung. Effektives und effizientes Projektmanagement ist daher einer der maßgeblichen Faktoren für den geschäftlichen Erfolg und aus der heutigen Geschäftswelt nicht mehr wegzudenken. Ein Großteil der immer komplexer werdenden Aufgaben in Unternehmen werden heute im Rahmen von Projekten abgewickelt, so dass sich Projektmanagement weltweit zu einer der wichtigsten Methoden zur Geschäftssteuerung entwickelt hat. Darüber hinaus werden Veränderungen im Unternehmen oftmals in Projekten durchgeführt, so dass sich die Umsetzung dieser Veränderungen ohne den Einsatz effizienter und moderner Projektmanagement-Methoden denkbar schwierig gestaltet. Nähere Informationen hierzu finden Sie im Band „Change Management“ der Pocket Power-Reihe.

Projektmanagement ist keine Methode im eigentlichen Sinn des Wortes, sondern eine Aneinanderreihung von unterschiedlichen und aufeinander abgestimmten Prozessen und Verhaltensweisen sowohl im methodischen als auch im verhaltenspsychologischen Bereich. Erst in der ganzheitlichen Beherrschung des Projektmanagements liegt der Schlüssel zum Projekterfolg und damit zum geschäftlichen Erfolg Ihres Unternehmens.

Dieses Buch soll Sie dahingehend unterstützen, Ihre Projektarbeit effizienter zu gestalten und Ihre Projekte in dem vereinbarten Zeit- und Kostenrahmen abzuwickeln. Es beschreibt die wesentlichen Methoden, Prozesse, Verhaltensweisen und Tools, die zur erfolgreichen Abwicklung von Projekten erforderlich sind. Entscheidend hierfür ist die Anwendung der Methoden in der Praxis. Entsprechende Hilfestellungen in Form von Beispielen, Checklisten, Templates und Verfahrensweisen sind in diesem Handbuch enthalten.

Besonderen Wert haben wir auf die Verknüpfung der fachlich-methodischen Verfahren mit den verhaltensorientierten Aspekten in Projekten gelegt. Dies trägt der Tatsache Rechnung, dass Projekte von Menschen abgewickelt werden, d. h. dass der Faktor Mensch ebenso wie die Methodik zum Projekterfolg beitragen. Erst durch das Zusammenspiel der relevanten Planungs- und Controllingmethoden mit den „Soft Facts“ wie Kommunikation, Teamentwicklung, Führung und Konfliktmanagement kann ein Projekt erfolgreich abgewickelt werden.

Wir haben das Buch nach dem Kapitel „Grundlagen des Projektmanagements“ in die Phasen „Projektablauf und Organisation“, „Projektinitialisierung“, „Führung im Projekt“,

„Projektplanung“, „Projektrealisierung“ sowie „Projektabschluss“ eingeteilt. Die einzelnen Methoden und Vorgehensweisen sind diesen Phasen zugeordnet, so dass insgesamt ein logischer Projektablauf abgebildet wird. Wichtig dabei ist, dass Projektmanagement ein iterativer Prozess ist und sich die Methoden wie z. B. Projektplanung oder Risikomanagement durch die Projektphasen durchziehen und im Rahmen des Projektcontrollings regelmäßig detailliert und optimiert werden.

Zum Zweck des einfacheren Lesens dieses Buches ist bei Rollen- und Funktionsbezeichnungen nur die männliche Form gewählt. Mit den personenbezogenen Bezeichnungen ist somit immer sowohl die weibliche als auch die männliche Form zu verstehen.

Die einzelnen Kapitel bestehen aus den Unterpunkten „Worum geht es?“, „Was bringt es?“ und „Wie gehe ich vor?“. Wenn relevant, sind die Voraussetzungen für den Einsatz der beschriebenen Methodik aufgeführt, d. h. „Welche Eingangsgrößen müssen erfüllt sein, damit Sie diese Methode sinnvoll einsetzen können?“

Daneben sind praktische Tipps und Hürden enthalten. Folgende Symbole weisen Sie darauf hin:

Tipps

Hürden und Stolpersteine

Beispiele

2 Grundlagen des Projektmanagements

In diesem Kapitel sind die Begriffe und Definitionen im Projektmanagement erläutert sowie eine Methode zur Definition der Projektziele beschrieben.

2.1 Projektdefinition

WORUM GEHT ES?

Wenn die nachfolgend aufgeführten Kriterien erfüllt sind, sollten Sie ein Vorhaben formal als Projekt definieren und somit die entsprechenden Projektmanagementmethoden und Prozesse zur Anwendung bringen.

Definition nach DIN 69 901

Ein Projekt ist ein Vorhaben, das im Wesentlichen durch die Einmaligkeit der Bedingungen in ihrer Gesamtheit gekennzeichnet ist, wie z. B.:

- Zielvorgabe,
- zeitliche, finanzielle, personelle oder andere Begrenzungen,
- Abgrenzung gegenüber anderen Vorhaben und
- projektspezifische Organisation.

Zu diesen in der DIN-Definition angesprochenen Kriterien kommen aus unserer Sicht noch folgende typische Merkmale hinzu:

- komplexe, risikobehaftete Aufgabe,
- vernetzte Arbeitspakete und/oder Teilaufgaben und
- vertragsgemäße Ablieferung eines Ergebnisses.

Was ist Projektmanagement?

Unter Projektmanagement versteht man die Gesamtheit von Führungsaufgaben, Führungsorganisation, Führungstechniken und Führungsmitteln für die Abwicklung eines Projektes mit der Maßgabe, die am Anfang des Projektes definierten Ziele zu erreichen. Projektmanagement ist nicht ausgerichtet auf eine spezielle Projektart, eine bestimmte Projektgröße oder einen eingeschränkten Anwendungsbereich. Die Prinzipien sind generell und flexibel anwendbar.

Projektmanagement ist vor allem eine kreative Führungsaufgabe und nicht, wie häufig angenommen, eine reine administrative Tätigkeit, die sich auf den Einsatz von einzelnen Planungs- und Überwachungsmethoden oder den Einsatz von Tools beschränkt.

Bild 2.1 veranschaulicht die Inhalte des Projektmanagements. Dabei stehen die Projektziele im Mittelpunkt, die erforderlichen Methoden und Führungsmittel sind auf das Erreichen dieser Ziele ausgerichtet. Achten Sie auf die enge Verzahnung der fachlich-methodischen (Planung, Controlling etc.) mit den verhaltensorientierten Aspekten (Führung, Teamentwicklung etc.).

Ein weiterer wichtiger Aspekt ist die Einbettung des Projektes in die vorgegebene Umgebung, die geprägt ist durch das geschäftliche Umfeld, die Arbeitsbedingungen, den Kunden sowie durch die Firmenorganisation und die relevanten firmeninternen Prozesse. Die reibungslose Zusammenarbeit zwischen der Linienorganisation und der Projektorganisation ist für Sie hierbei von besonderer Bedeutung.

Bild 2.1 Definition Projektmanagement

WAS BRINGT ES?

Anhand der oben genannten Kriterien können Sie ein Vorhaben als Projekt einstufen und diesem somit die entsprechenden Ressourcen wie Personal und Arbeitsmittel zuweisen. Weiterhin können Sie Ihr Projekt anhand der nachfolgend aufgeführten Kriterien kategorisieren und die angemessenen Methoden und Vorgehensweisen definieren.

WIE GEHE ICH VOR?

Nachdem Sie Ihr Vorhaben als Projekt eingestuft haben, sollten Sie das Projekt kategorisieren und die adäquaten Projektmanagementmethoden festlegen. Dadurch vermeiden Sie unnötigen Aufwand während der Projektlaufzeit.

Mit den Kriterien

- unternehmerische Bedeutung,

- Anzahl der Stakeholder,
- Projektdauer,
- Projektbudget,
- beteiligte Abteilungen/Unterauftragnehmer und
- Risikoeinstufung

können Sie Ihr Projekt entsprechend einstufen und entscheiden, in welchem Detaillierungsgrad Sie die relevanten Projektmanagementmethoden einsetzen.

2.2 Stakeholder und Projektziele

WORUM GEHT ES?

Mit der Zieldefinition legen Sie die Grundlage für die Projektanforderungen und somit für den Projektauftrag. Nur mit einem klaren Ziel vor Augen kennen Sie und Ihr Team das angestrebte Ergebnis und den Weg dorthin. Dies gilt sowohl für den Projektauftrag als auch für die Aufgaben innerhalb der Projektrealisierung. Überprüfen Sie die definierten Ziele regelmäßig auf ihre Gültigkeit, da diese im Projektverlauf aufgrund von Änderungen der Projektanforderungen, des Projektablaufes oder der äußeren Umstände (Kunde, Umfeld, Firmenstrategie etc.) gegebenenfalls aktualisiert werden müssen.

Voraussetzungen für die Projektzieldefinition: Ein Vorhaben wurde als Projekt definiert und die Vorstellungen und Anforderungen des Kunden sind den Beteiligten bekannt.

WAS BRINGT ES?

Klare und eindeutige Projektziele sind die Grundvoraussetzung für alle Beteiligten und vom Projekt Betroffenen, die

Projektinteressen gemeinsam zu vertreten und diese durchzusetzen. Durch die Definition der Projektziele identifizieren Sie alle Stakeholder, erkennen mögliche Zielkonflikte und können diese gemeinsam abgleichen sowie nach deren Wichtigkeit für das Projekt priorisieren. Dies ermöglicht Ihnen auch, aus den Zielen resultierende Chancen und Risiken frühzeitig zu erkennen.

WIE GEHE ICH VOR?

Definieren Sie im Rahmen der Stakeholderanalyse (Bild 2.2) die am Projekt direkt oder indirekt Beteiligten, formulieren Sie die Projektziele und Interessen, erkennen Sie Zielkonflikte und gleichen Sie widersprüchliche Ziele ab. Definieren Sie die „Macht" der einzelnen Beteiligten sowie die Art (positiv/negativ) der Einflussmöglichkeiten.

2.2.1 Zieldefinition

Formulieren Sie Ziele ergebnisbezogen und nicht aufgabenbezogen.

Zieldefinition

Richtig (ergebnisbezogen):

Sorgen Sie für eine einsatzbereite Maschine. Bis zum 31.12. diesen Jahres soll es keine Ausfallzeiten wegen technischer Defekte geben.

Dies ist ein Ziel, mit dem der verantwortliche Mitarbeiter arbeiten kann. Die Formulierung ist ergebnisbezogen. Sie erfahren nicht, was Sie im Einzelnen tun müssen, sondern was Sie durch Ihr Tun erreichen sollen.

Projektbeteiligte	Ziele/Interessen	Stärke des Einflusses/ "Macht" *(0 – gering … 5 – sehr hoch)*	Art des Einflusses/ der Haltung *(++ – sehr positiv, +, –, – sehr negativ)*	Maßnahmen
Auftraggeber	*möglichst günstiges Produkt mit allen möglichen Funktionen*	5	+	ständigen Kontakt mit dem Kunden halten; Change-Management einführen
PRL auf Kundenseite	*möglichst bald in vorzeitigen Ruhestand gehen*	4	–	exakte Terminplanung und -abstimmung
Projektleiter	*erfolgreiches Projekt als Referenz verwenden*	4	++	verstärktes Eigenmarketing
Projektteam	*ein interessantes neues Produkt entwickeln*	4	+	Motivation hochhalten; MA ihren Stärken entsprechend einsetzen
Geschäftsführung	*wichtiges Marktsegment erobern*	5	++	ständiges Reporting, bei Bedarf Eskalation; in Kundenkontakte einbinden
Linienvorgesetzter	*hohe Auslastung seiner MA durch möglichst viele Projekte*	4	+	Frühzeitige Ressourcenplanung mit ihm abstimmen
andere PRLs	*Ressourcen für ihre Projekte abziehen*	2	–	"Beziehungsebene" pflegen; Ressourcenpläne abstimmen
Vertrieb	*möglichst viele Projekte ins Haus holen*	3	+	bereits bei den ersten Angebots-gesprächen Kontakt aufnehmen
Entwicklung	*Entwicklung eines "perfekten" Produktes*	3	+	auf genaue Einhaltung der Spezifikation und des Terminplans achten
Fertigung	*Auslastung der Maschinenkapazitäten*	2	+	engen Austausch zwischen Entwicklung und Produktion sicherstellen
Lieferant A	*ins Geschäft kommen mit unserer Firma*	1	++	hohe Motivation fordern; explizite Qualitätssicherungsmaßnahmen
Lieferant B	*Monopolist! Will seine Preise erhöhen*	5	–	langfristige Partnerschaft betonen; Kostensituation im Projekt darlegen; langfristig 2nd Source suchen
Mitbewerber	*Kunden abwerben*	2	–	kontinuierliches Benchmarking; hohe Kundenzufriedenheit sicherstellen

Bild 2.2 Stakeholder-Analyse

Falsch (aufgabenbezogen):
Ihre Aufgabe ist die Maschine instand zu halten. Führen Sie jeden Morgen eine Prüfung gemäß Wartungsanleitung durch und reparieren Sie alle Mängel so schnell wie möglich.
Dies ist kein Ziel, sondern eine Arbeitsanweisung. Sie ist aufgabenbezogen formuliert. Sie erfahren, was Sie tun müssen, aber nicht, welches Ergebnis Sie dadurch erzielen sollen.

Wenn die Ziele deutlich vor Augen sind, können Sie die Fähigkeiten aller Projektbeteiligten sinnvoll zum Erreichen der Projektziele einsetzen. Ob das Ziel erreicht wurde, ist am Ende des Projektes nur dann klar erkennbar, wenn zu Beginn detaillierte Kriterien aufgestellt wurden, an denen Sie den Projekterfolg messen können. Vage und ungenaue Ziele lassen Sie im Ungewissen, was wirklich erreicht werden soll.

Die Zielformulierung sollte daher gemäß den in Tabelle 2.1 dargestellten SMART-Kriterien erfolgen.

Tabelle 2.1 SMARTe Zieldefinition

Spezifisch konkret	Ist das Ziel genau formuliert?
Messbar	Kann ich objektiv erkennen, ob ich mein Ziel erreicht habe?
Aktiv beeinflussbar	Kann die Zielerreichung von den Projektmitgliedern maßgeblich beeinflusst werden?
Realistisch	Ist das Ziel anspruchsvoll, aber auch erreichbar?
Terminiert	Sind die Termine klar festgelegt?

Beschränken Sie die Zieldefinition nicht nur auf die typischen Geschäftsziele wie Umsatz, Ergebnis, Marktanteile und Kundenzufriedenheit. Berücksichtigen Sie bei der Zieldefinition auch die Prozessziele wie Qualitätsmerkmale, Termin- und Kosteneinhaltung sowie die Teamziele in Bezug auf Zusammenarbeit, Kommunikation und Informationsfluss. Darüber hinaus haben die am Projekt Beteiligten in der Regel auch persönliche Ziele hinsichtlich beruflicher Weiterentwicklung, privater Einschränkungen etc., die den Projekterfolg nachhaltig beeinflussen können.

2.2.2 Erfassen von Projektzielen

Anhand der beschriebenen Vorgehensweise für eine eindeutige Zieldefinition können Sie nun einen verbindlichen Zielkatalog erarbeiten. Achten Sie darauf, dass die Zieldefinition einen Grad der Detaillierung erreicht, der den SMART-Kriterien genügt und eine gute Basis für die anschließende Festlegung der Projektanforderungen darstellt. Neben der Beschreibung der Projektziele sollten Sie auch die jeweiligen Beteiligten erfassen sowie eventuelle Gefahren und Risiken, die sich aus den Projektzielen ergeben könnten.

Erfassung von Projektzielen

Beschreibung	Beteiligte	Risiken
Die betrieblichen Belange (Aufgaben in der Linie) haben generell Vorrang vor den Projektaufgaben.	Linienvorgesetzter eines Projektmitarbeiters.	Verzögerung bei der Fertigstellung des Arbeitspakets „XYZ“, dadurch Verzögerung des geplanten Abnahmetermins.

Projektziele definieren

- Definieren Sie nicht zu viele Projektziele, beschränken Sie sich je nach Art und Umfang des Projektes auf die maximal 20 wichtigsten Ziele.
- Erarbeiten Sie die Ziele gemeinsam im Projektteam und stimmen Sie diese mit Ihrem Management ab. Damit stellen Sie sicher, dass die Projektmitarbeiter sowie die Firma hinter den Zielen stehen.
- Versuchen Sie, Zielkonflikte möglichst frühzeitig zu erkennen und zu lösen.
- Überprüfen Sie die Projektziele regelmäßig im Rahmen des Projektcontrollings.
- Ziehen Sie auch die Teamziele und persönlichen Ziele der einzelnen Teammitglieder in Ihre Überlegungen und Planungen mit ein.
- Vergessen Sie nicht, die Ziele des Kunden zu berücksichtigen.

2.2.3 Zielpriorisierung und Selbstmanagement

In Projekten kommt es durchaus vor, dass sich Projektziele bzw. deren Prioritäten ändern. Sie werden somit häufig vor der Entscheidung stehen, welche Aufgaben Sie in der verfügbaren Zeit abarbeiten wollen bzw. müssen. Eine Hilfe dabei ist die Eisenhower-Matrix (siehe Bild 2.3), welche von dem amerikanischen General Dwight D. Eisenhower entwickelt wurde.

In dieser Matrix werden die zu erledigenden Aufgaben nach den Faktoren „wichtig" und „dringend" eingeteilt. Diejenigen Aufgaben, die Sie als wichtig und dringend ansehen (A-Aufgaben), müssen Sie sofort und vorrangig erledigen. Die Aufgaben, die zwar wichtig, aber (noch) nicht dringend sind (B-Aufgaben), sollten Sie terminieren und dann erledigen, wenn es Ihre Zeit gestattet. Bitte beachten Sie, dass alle B-Aufgaben, sofern Sie diese nicht erledigen, ab einem gewissen Zeitpunkt zu A-Aufgaben werden. Bei einem guten Zeitmanagement sollte die Anzahl der A-Aufgaben überschaubar bleiben.

Dringende, aber nicht wichtige Aufgaben können Sie entweder delegieren oder umgehend selbst erledigen, sofern es Ihre Zeit erlaubt. Ansonsten sollten Sie Ihre Zeit nicht mit diesen Aufgaben wie auch mit den weder wichtigen noch dringenden Aufgaben verschwenden. Diese gehören in den Papierkorb.

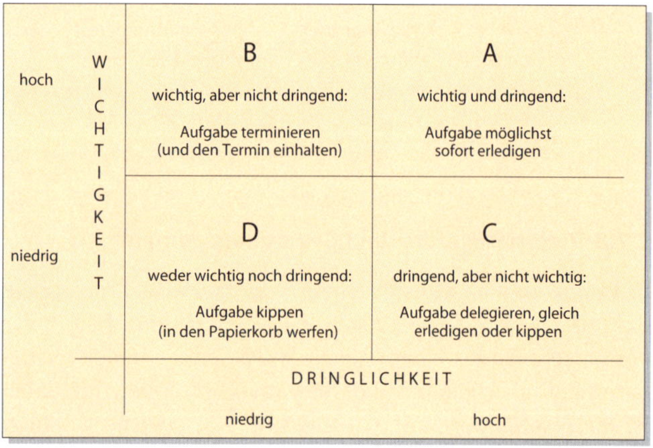

Bild 2.3 Eisenhower-Matrix

3 Projektablauf und Organisation

Um Ihr Projekt erfolgreich abwickeln zu können, ist es erforderlich, dass Sie angemessene Arbeitsbedingungen in Form eines realistischen Projektablaufes sowie einer angemessenen Projektorganisation schaffen. Dieses Kapitel beschreibt die hierzu erforderlichen Verfahren und Vorgehensweisen.

3.1 Projektablauf

WORUM GEHT ES?

Zur Fortschrittskontrolle ist die Unterteilung eines Projektes in definierte Phasen sowie das Setzen von Meilensteinen wichtig. Deshalb ist die Definition der Projektphasen eine Ihrer ersten Tätigkeiten. Eine Phase ist die Menge aller Tätigkeiten in einem festgelegten Zeitraum und führt zu einem definierten Zwischenergebnis (Meilenstein). Die konkreten Phasen und Meilensteine hängen hauptsächlich von der Art des Projektes ab.
Besonders wichtige Meilensteine sollten Sie als „Quality Gates" erklären. Quality Gates sind projektübergreifend definierte, wichtige Endpunkte einer Projektphase mit festgelegten Erfüllungskriterien, anhand derer über die Freigabe und den Beginn der darauffolgenden Phase entschieden wird.

Voraussetzungen für die Definition des Projektablaufes: Ein Vorhaben wurde als Projekt definiert, die Zieldefinition liegt vor und die Kundenwünsche sind bekannt.

WAS BRINGT ES?

Ein frühzeitig definierter, realistischer Projektablauf mit logischen Meilensteinen ist für die spätere detaillierte Projektplanung unerlässlich. Mit diesem Phasenplan schaffen Sie optimale Voraussetzungen für Ihr Projekt. Die Angebotsphase ist integrierter Bestandteil des Projektprozesses, da hier in der Regel die Grundlagen für den späteren Projekterfolg gelegt werden.

WIE GEHE ICH VOR?

In jedem Projekt gibt es vier Phasen, denen die konkreten Tätigkeiten im Projekt zugeordnet werden können. Dies sind:

- **Definitionsphase:** Sie beginnt in der Regel mit der Akquisition bzw. Bearbeitung von Kundenanfragen. Die Anforderungen werden analysiert (Machbarkeitsstudie), die Projektziele definiert und noch vor Abgabe eines Angebots wird die Grobplanung (Projektstruktur, Termine, Kosten, Ressourcen, Risiken) durchgeführt. Bei Projekten mit externen Auftraggebern wird ein Angebot erstellt, bei firmeninternen Projekten wird das Konzept erarbeitet. Eine vorläufige Projektorganisation inklusive der benötigten Ressourcen (Kernteam) wird festgelegt. Häufig finden Vertragsverhandlungen statt, die zu einem Vertragsabschluss führen. Spätestens zum Ende der Definitionsphase sollte auch der Projektleiter ernannt werden.
- **Planungsphase:** Basierend auf den Ergebnissen der Grobplanung wird die Feinplanung (Projektplanung) durchgeführt. Aus dem erstellten Netzplan werden die detaillierten Zeit-, Kosten- und Ressourcenpläne abgeleitet, die Projektanforderungen und Projektrisiken erarbeitet bzw. analysiert und die Projektbeteiligten und Projektrollen festgelegt. Zusätzlich werden Verfahren zu Qualitätssicherung, Informationssteuerung, Eskalationsprozeduren, Unterauftragnehmer-Management, Vertragsmanagement, Projektcontrolling und Berichtswesen erarbeitet und festgelegt.

- **Realisierungsphase:** Die Realisierung beinhaltet Tätigkeiten wie Design, Entwicklung, Konstruktion, Fertigung, interne Tests etc. Die in der Projektplanung festgelegten Kennzahlen werden einem regelmäßigen Projektcontrolling unterzogen, eventuelle Abweichungen werden im Berichtswesen verdeutlicht, um geeignete Maßnahmen einzuleiten.
- **Einführungs-/Abschlussphase:** Diese Phase beinhaltet üblicherweise Tätigkeiten wie Installation, Inbetriebsetzung, Abnahmen, Einführungsunterstützung und Übergabe an den Auftraggeber. Weiterhin sind hier die Aktivitäten zum Projektabschluss, z. B. Abrechnung, Revision, Erfahrungsbericht und „Lessons learned" zu initiieren. Hier beginnt in der Regel auch die Gewährleistungsphase.

Erfahrungsgemäß werden die Definitionsphase und die Planungsphase stark vernachlässigt, da zu Projektbeginn meist nicht genügend Ressourcen vorhanden sind, ein enger Zeitplan, z. B. für die Angebotserstellung, existiert und weil viele, insbesondere unerfahrene Mitarbeiter nicht genügend Zeit in die Planung investieren. Dies führt dann häufig zu Aktionismus, einer ungenügenden Definition der Projektanforderungen und unzureichender Analyse der Risiken sowie einer unrealistischen Termin-, Kosten- und Ressourcenplanung.

Die Auswirkungen werden später in der Realisierung und vor allem zum Projektabschluss sichtbar und resultieren häufig in:

- Mehraufwand beim vereinbarten Liefer- und Leistungsumfang,
- Pönale-Zahlungen/Vertragsstrafen durch verzögerte Lieferungen/Leistungen,
- Nacharbeiten in der Einführungs-/Abschlussphase,
- Mehraufwand beim Betrieb des Systems,

- hoher Gewährleistungsaufwand,
- Kundenunzufriedenheit und
- Imageverlust.

Diese Schäden und Mehrkosten übersteigen in der Regel die „Einsparungen" in der Definitions-/Planungsphase um ein Vielfaches. Dies wird in der „Projektzwiebel" anschaulich dargestellt (Bild 3.1).

Definitions-/Angebotsphase

Der Aufwand, den Sie in der Definitions- und Planungsphase eines Projektes **vermeintlich** einsparen, potenziert sich in der Regel gegen Ende des Projektes und verursacht ein Vielfaches an Mehraufwand. Wägen Sie deshalb gut ab, wie viel Aufwand Sie in die Definitionsphase investieren, auch wenn die Auftragswahrscheinlichkeit nicht allzu hoch erscheint.

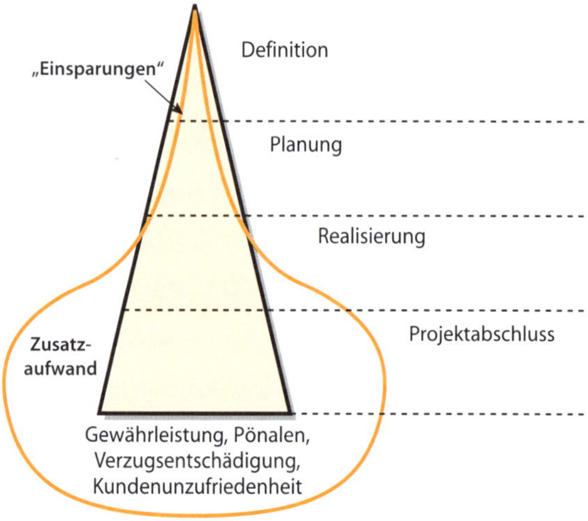

Bild 3.1 Projektzwiebel

Schließen Sie jede Phase mit einem definierten Meilenstein ab. Sie können auch innerhalb der Phasen weitere Meilensteine definieren. Da diese Meilensteine Basis für das Termincontrolling sind, sollte die Anzahl der Komplexität des Projektes angemessen sein.

Anlässlich der jeweiligen Meilensteine findet eine Projektstatussitzung statt, mit dem Ziel der Meilensteinfreigabe.

Entscheidungsgrundlagen hierfür sind:

- Aktueller Stand des Projektes, gemessen am Projektplan,
- Ergebnisse, Prüf- und Testberichte der vergangenen Phase,
- Detailplan für die nächste Phase und
- Evaluierung und Prognose für den weiteren Verlauf mit Neubeurteilung der Risiken.

Ergebnis der Sitzung ist entweder eine Anerkennung der Projektergebnisse mit der Freigabe für die nächste Phase oder eine Rückweisung mit der Maßgabe zur Ergebnisverbesserung oder Planungsüberarbeitung. Im schlimmsten Fall kann es auch zum Abbruch des Projektes kommen. Halten Sie die Ergebnisse in jedem Fall in einem Protokoll fest.

Den Projektablauf gestalten

- Planen Sie einen realistischen Projektablauf. Kein Projektteam kann unrealistische Vorgaben erreichen.
- Definieren Sie realistische und erreichbare Meilensteine.
- Beschränken Sie je nach Projektgröße die Anzahl der Meilensteine auf ca. fünf bis zehn.
- Stimmen Sie die Meilensteine frühzeitig mit Ihrem Auftraggeber ab.
- Beziehen Sie Ihre Teammitglieder in die Planung mit ein und nutzen Sie deren Know-how.

3.2 Projektorganisation und Umfeld

WORUM GEHT ES?

Die Erfordernisse von Projekten sind sehr verschieden und variieren u. a. mit Komplexität und Art des Projektes. Um den Informationsfluss zwischen den Beteiligten möglichst transparent zu halten, sollten Sie frühzeitig die bestmögliche, den Erfordernissen des jeweiligen Projektes entsprechende Aufbauorganisation zur Erreichung der Projektziele installieren.

Voraussetzung für die Erarbeitung und Festlegung der **detaillierten** Organisationsstruktur ist der Projektstrukturplan (siehe Kap. 4.3), in dem die Lieferungen und Leistungen und damit die durchzuführenden Tätigkeiten im Projekt detailliert beschrieben sind.

WAS BRINGT ES?

Mit der Ermittlung und Festlegung der bestmöglichen Organisationsstruktur für Ihr Projekt unterstützen Sie ein gemeinsames Rollenverständnis im Team, u. a. auch durch die eindeutige Festlegung der Verantwortlichkeiten und Befugnisse aller Beteiligten. Die optimale Einbindung der Projekte in die interne Linienorganisation trägt zur Vermeidung von Kompetenzstreitigkeiten, überzogenem Abstimmungsaufwand und Reibungsverlusten in der Zusammenarbeit bei.

WIE GEHE ICH VOR?

Im modernen Projektmanagement werden drei grundsätzliche Organisationsformen unterschieden. Diese sind:

- Stabs-Projektorganisation (linienbasiert)
- Matrix-Projektorganisation
- Reine Projektorganisation

Nachfolgend wird insbesondere auf die Stabs- und Matrixorganisation eingegangen, da diese beiden Organisationsformen in Projekten am häufigsten eingesetzt werden.

In der „Reinen Projektorganisation“ werden die Projektmitarbeiter für die Projektlaufzeit komplett aus ihren Abteilungen herausgelöst und dem Projektleiter disziplinarisch unterstellt. Dies ist nur bei sehr großen und strategisch wichtigen Projekten angebracht.

Für die Identifikation und Motivation der beteiligten Personen ist es unerlässlich, dass die Ziele, Aufgaben und Verantwortlichkeiten eindeutig zugeordnet sind. Bauen Sie die Projektorganisation nach diesen Kriterien entsprechend auf. Dabei muss feststehen, wer mit welchen Befugnissen für welche Aufgaben zuständig ist. Wichtig hierbei ist auch die Zusammenarbeit zwischen Projekt- und Linienorganisation. Abhängig von der gewählten Projektorganisation hat der Projektleiter eine definierte Weisungsbefugnis gegenüber den Projektmitarbeitern.

- **Fachliches Weisungsrecht:** Verantwortung für fachlich-technische Entscheidungen.
- **Dispositives Weisungsrecht:** Verantwortung, Tätigkeiten der Projektmitarbeiter zu planen (z. B. Zuweisung von Aufgaben, Anordnung von Überstunden, Genehmigung von Urlaub).
- **Disziplinarisches Weisungsrecht (nur bei einer „Reinen Projektorganisation“):** Verantwortung für menschliche Ressourcen (z. B. Einstellungen, Kündigungen, Leistungsbeurteilungen).

Weisungsbefugnis

Sichern Sie sich sofort zu Projektbeginn die für Ihr Projekt angemessenen Befugnisse als Projektleiter.

3.2.1 Organisationsformen

Stabs-Projektorganisation

Der Projektleiter befindet sich in der Linie, z. B. im Vertrieb, und benötigt für das Projekt Unterstützung aus anderen Linien (Projektierung, Konstruktion, Planung, Inbetriebsetzung etc.), um das Projektziel zu erreichen. Der Projektleiter fungiert als Auftraggeber für die anderen Abteilungen. Er hat weder ein fachliches, noch ein dispositives oder gar disziplinarisches Weisungsrecht, sondern im Allgemeinen nur eine koordinierende Funktion (Tabelle 3.1).

Tabelle 3.1 Stabs-Projektorganisation

Geeignet für:	kleinere Organisationsprojekte (Umzüge, Messen), Vertriebsprojekte
Vorteile	▪ keine organisatorischen Änderungen ▪ schnelle Bildung des „Projektteams“ ▪ Zugriff auf unterschiedliche Know-how-Träger
Nachteile	▪ keine Weisungsbefugnis des Projektleiters ▪ hoher Koordinationsaufwand ▪ keine Teamentwicklung ▪ kein direkter Zugriff auf die Mitarbeiter

Matrix-Projektorganisation

Für komplexe Projekte sind in der Regel mehrere Linien (Abteilungen, Bereiche) erforderlich, um das Projektziel zu erreichen. In der Matrixorganisation (Tabelle 3.2) wird der Projektleiter für die Dauer des Projektes aus seiner Linie herausgelöst und den Projektverantwortlichen im Management (z. B. Lenkungsausschuss) unterstellt. Er hat für seine Projektmitarbeiter aus anderen Linien ein fachliches und dispositives Weisungsrecht.

Tabelle 3.2 Matrix-Projektorganisation

Geeignet für	Anlagenprojekte, Bauprojekte, größere Organisationsprojekte
Vorteile	▪ hohe Flexibilität in Einsatz und Zuordnung der Mitarbeiter ▪ Projektleiter hat angemessene Weisungsbefugnis (wird individuell vereinbart) ▪ Zugriff auf die notwendigen Ressourcen und auf das Spezialwissen im Unternehmen ▪ leichte Anpassung der Organisation an die Belange im Projekt ▪ in der Regel gute Zusammenarbeit im Team, Teamentwicklung ▪ hohe Identifikation des Projektleiters mit dem Projekt
Nachteile	▪ hoher Koordinations- und Abstimmungsaufwand mit anderen Abteilungen (Interessenkonflikte) ▪ Projektmitarbeiter haben zwei oder mehr „Chefs“

3.2.2 Projektorganisationen zusammenstellen

Basis für die Zusammenstellung der Projektorganisation (Bild 3.2) ist der Projektstrukturplan, in dem die Arbeitspakete definiert sind. Die Arbeitspakete bestimmen die im Projekt benötigten Ressourcen und damit auch die erforderlichen Projektrollen.

Um eine reibungslose Zusammenarbeit im Projekt zu gewährleisten, sollten die Definition der Projektrollen sowie die

Zuordnung der Aufgaben, Verantwortlichkeiten und Befugnisse gleich zu Beginn des Projektes erfolgen. Führen Sie diese Aktivität gemeinsam im Projektteam durch. Im weiteren Projektverlauf, insbesondere bei einer Änderung des Liefer- und Leistungsumfanges oder des Ablaufes, ist die Rollenverteilung zu überprüfen und gegebenenfalls anzupassen.

Projektorganisationen zusammenstellen

- Stimmen Sie die Aufgaben, Verantwortlichkeiten und Befugnisse gemeinsam im Projektteam ab.
- Versuchen Sie Projektteammitglieder möglichst Vollzeit in Ihrem Projekt zu beschäftigen (z. B. durch Übernahme mehrerer Rollen). Sie vermeiden dadurch Koordinations- und Kompetenzschwierigkeiten.
- Zeigen Sie Ihren Projektmitarbeitern Perspektiven auf und unterstützen Sie sie vor Abschluss Ihres Projektes bei der Re-Integration in die Linie oder bei der Bewerbung für die Mitarbeit in einem Nachfolgeprojekt.
- Motivieren Sie die herausragenden Projektmitarbeiter, in Ihrem nächsten Projekt mitzuarbeiten.
- Vereinbaren Sie mit den disziplinarischen Führungskräften Ihrer Projektmitarbeiter ein Mitspracherecht bei den Mitarbeitergesprächen bzw. Beurteilungen.

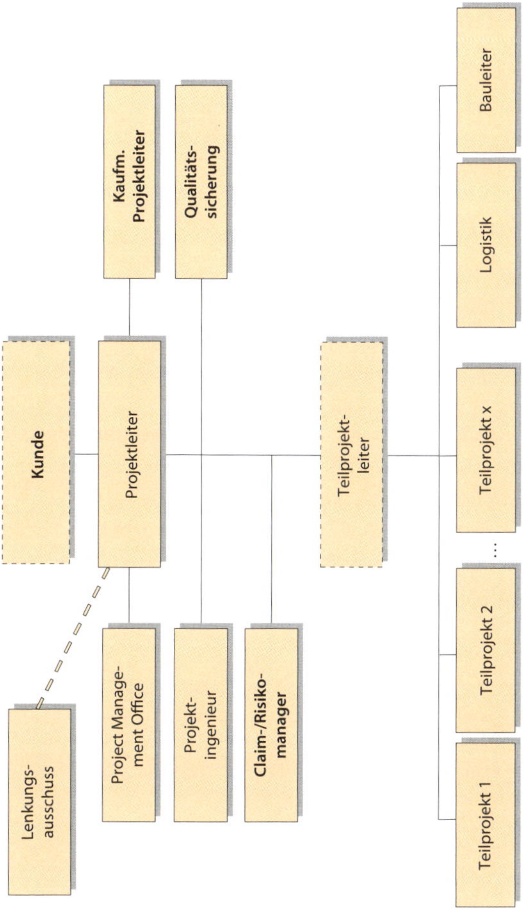

Bild 3.2 Projektorganisation eines Anlagenprojektes

4 Projektinitialisierung

„Sage mir, wie dein Projekt startet,
und ich sage dir, wie es enden wird."

4.1 Projektstart

WORUM GEHT ES?

Um einen optimalen Projektverlauf vorzubereiten, muss ein „projektwürdiger" Geschäftsfall so früh wie möglich zum Projekt erklärt werden, d. h., der offizielle Startschuss muss gegeben werden. Zur Projekteröffnung gehören das Anlegen eines Projektauftrages, gegebenenfalls eines Projekthandbuches (bei komplexen Projekten) sowie die Durchführung einer internen und gegebenenfalls externen Kick-off-Besprechung (mit dem Kunden) mit den entsprechenden Ergebnissen.

Voraussetzungen für den Projektstart: Ein Vorhaben wurde als Projekt definiert, die Vorstellungen und Wünsche des Kunden sind weitgehend bekannt und die Zieldefinition liegt vor.

Projekteröffnung

- In dieser Phase legen Sie die Grundlagen für den Projekterfolg oder -misserfolg. Nehmen Sie sich in jedem Fall genügend Zeit für eine ausführliche Projekteröffnung. Eine unangemessene Einsparung zu Projektbeginn rächt sich in der Regel im weiteren Verlauf des Projektes.
- Fördern Sie gerade zu Beginn des Projektes den Prozess der Teamentwicklung, damit Sie schneller Synergien nutzen können.
- Ermitteln Sie die Interessen Ihres Auftraggebers und beziehen Sie diese in die weitere Projektplanung ein.

WAS BRINGT ES?

Mit einem methodischen und strukturierten Projektstart legen Sie frühzeitig die Grundlage für den späteren Projekterfolg und erreichen einen schnellen Übergang in eine kontrollierte Projektarbeit. Dadurch können Sie kopflose Hektik vermeiden, die sehr oft in reinen Aktionismus ausartet und zu unnötigen Belastungen der Projektmitarbeiter führt.

WIE GEHE ICH VOR?

Die nachfolgende Checkliste soll Ihnen als Hilfestellung bei der Projekteröffnung dienen.

Was sollten Sie berücksichtigen, wenn Sie ein Projekt starten bzw. übernehmen?

- Sind klare und messbare Ziele vorgegeben?
- Gibt es ein Angebot/einen Auftrag mit detailliertem Liefer- und Leistungsumfang, Projektkalkulation und Meilensteinplan?
- Gibt es bindende Angebote von Unterauftragnehmern?
- Stimmt das Angebot/der Auftrag mit den Kundenanforderungen überein?
- Wurde eine Risikoanalyse durchgeführt und sind im Vertrag eventuelle Maßnahmen berücksichtigt?
- Gibt es besondere Risiken auf Grund der Vertragskonditionen?
- Sind Finanzierung und Verrechnung mit dem Auftraggeber geklärt?
- Gibt es Nebenvereinbarungen zu dem Vertrag?
- Ist die Projektvorgeschichte allen Beteiligten bekannt?
- Ist ein Lenkungsausschuss eingesetzt?

- Hat der Projektleiter dem Projekt angemessene Kompetenzen, Aufgaben, Verantwortung und Befugnisse?
- Gibt es eine vorläufige Projektorganisation und ist diese mit dem Umfeld abgestimmt?
- Hat der Projektleiter ein Mitspracherecht bei der Auswahl der Teammitglieder?
- Ist eine adäquate Infrastruktur (z. B. Räumlichkeiten, Möbel, Büromaterial, DV-Ausstattung) vorhanden?
- Gibt es festgelegte Ansprechpartner beim Kunden und ist die Kommunikation zwischen Kunde und Projektteam geregelt?
- Bei Aufträgen in Fremdwährung: Wurde eine Währungssicherung durchgeführt?
- Bei Tätigkeiten am Standort des Kunden: Steht eine ausreichende Infrastruktur (Ausweise, Parkplätze, Firewall bei Nutzung von PCs beim Kunden etc.) zur Verfügung?
- Bei Auslandseinsatz: Wurden die entsprechenden Sicherheitsmaßnahmen (Impfungen, interkulturelle Vorbereitung etc.) berücksichtigt?

Diese Checkliste kann nur einen Auszug aus den Themenbereichen beim Projektstart darstellen und soll Ihnen als Denkanstoß dienen. Sie ist je nach Projektspezifika entsprechend anzupassen und zu ergänzen.

4.1.1 Projektauftrag

Der Projektauftrag dient als Basis für die Projekteröffnung (z. B. Kick-off-Besprechung) und beinhaltet alle wichtigen Zahlen, Daten und Fakten des Projektes (Bild 4.1). Er sollte vom Projektverantwortlichen (Lenkungsausschuss) erstellt werden

Projektauftrag „Projektname, Projektnummer“

Thema	Inhalte
Projektbeschreibung	Kurzbeschreibung des Projektinhaltes, Erfüllungsort
Auftraggeber	Name des internen oder externen Kunden
Lenkungsausschuss	Name des/der Projektverantwortlichen im Management
Projektklassifizierung	Projektkategorie, Komplexität
Projektleiter und Befugnisse	Name des Projektleiters, Weisungsbefugnisse, Unterschriftsberechtigung
Übergeordnetes Projektziel, Teilziele	inhaltliche-, terminliche-, Qualitäts-, Kostenziele
Strategische Bedeutung	z. B. Neukundengewinnung, Markteintritt
Wichtige Stakeholder und Projektanforderungen	z. B. Kunde, Sponsor, Lieferanten, Behörden
Organisatorische Umgebung	z. B. beteiligte Abteilungen, Projekt organisationsform, verfügbare Ressourcen
Randbedingungen, Annahmen und Einschränkungen	z. B. vorhandene Infrastruktur, gesetzliche Vorgaben
Unterauftragnehmer	Vorgesehene Lieferanten, Konsortialpartner
Projektbudget	Verfügbares Budget, Optionen
Projekttermine	Projektdauer, Meilensteine
Projektrisiken und -chancen	Wichtigste Risiken und Chancen, Einstufung, Maßnahmen
Vertragliche Aspekte	z. B. Vertragsstrafen, Gewährleistungsbedingungen, Haftung
Sonstiges	

Bild 4.1 Muster eines Projektauftrages

und fungiert sowohl als Richtlinie für den Projektleiter als auch als Informationsbasis für das Projektteam und die weiteren Projektbeteiligten.

4.1.2 Projekthandbuch (Projektmanagementplan)

Bei komplexen Projekten sollten Sie, basierend auf dem Projektauftrag, ein Projekthandbuch erstellen, in dem die Abläufe und organisatorischen Details für das jeweilige Projekt beschrieben sind. Es dient als Basis für die Abwicklung des Projektes und beinhaltet die Projektorganisation, die Methoden zur Planung und Überwachung, Berichtswesen, Ansprechpartner, Meilensteine und vieles mehr. Die nachfolgende Aufzählung gibt Ihnen einen Überblick über die wesentlichen, im Projekthandbuch enthaltenen Informationen bezüglich des Projektes.

- Einleitung, Policy, Strategie
- Kurzbeschreibung des Projektes
- Projektorganisation und Projektumfeld
- Aufgabenbeschreibungen und Verantwortlichkeiten der Projektteammitglieder
- Planungsmethoden und Tools
- Übersicht über die Projektdokumentation
- Beschreibung der Projektablage
- Festlegung der Berichterstattungszyklen, Statusbesprechungen und Reviews
- Festlegung von Kommunikationsregeln und Informationsfluss
- Beschreibung der Kundenverantwortlichkeiten und Beistellungen

- Interne Verfahren und Richtlinien (QS, Prozesse, Eskalation, Kontierung etc.)
- Anhänge zum PHB: Kontaktadressen, Pläne, Change Request-Listen etc.)

Das Projekthandbuch ist ein „lebendes" Dokument, welches Sie entsprechend dem Projektfortschritt aktualisieren und anpassen sollten.

4.1.3 Projektübersicht (Systemstruktur)

Die Projektübersicht dient dazu, alle wesentlichen vom Projekt vorhandenen Informationen zu einem Gesamtbild zu integrieren. Sie ist eine kurze und prägnante Darstellung, bei der das gesamte Projekt als ein kompaktes System dargestellt wird. Daher wird diese Methode auch als „Systemstruktur" bezeichnet.

Sie gliedert sich klassischerweise in die drei Aspekte „Projektumfeld", „Liefer- und Leistungsumfang" und „Output" (siehe Bild 4.2).

Das Kernstück der Projektübersicht stellt der „Liefer- und Leistungsumfang" dar, in dem abgebildet wird, was genau der Scope des Projektes (inkl. Produkte/Komponenten und Serviceanteile) gemäß Vertrag beinhaltet. Aufgrund seiner zentralen Funktion wird er auch immer in der Mitte der Grafik dargestellt.

Im „Projektumfeld" werden die Einflüsse auf das Projekt aufgeführt, die sich aus folgenden Themengebieten ergeben können:

- wesentliche Stakeholder (Beteiligte/Betroffene),
- technische Einflüsse/Schnittstellen,
- personelle Einflüsse,
- wirtschaftliche/kommerzielle Einflüsse,

- Gesetze, Normen, Standards, Auflagen,
- klimatische/politische Einflüsse,
- Umfeld.

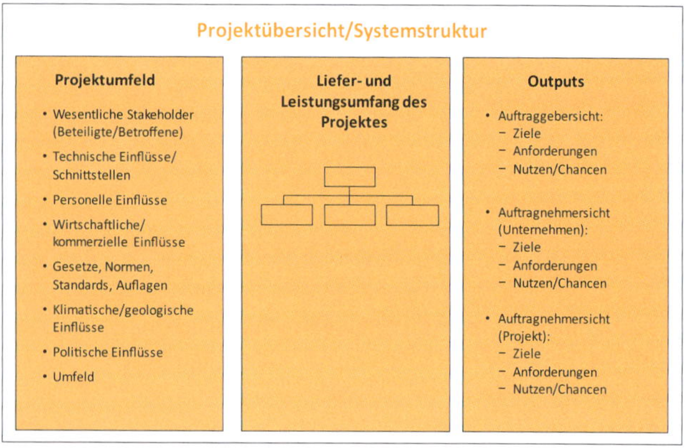

Bild 4.2 Projektübersicht

Bei den „Outputs“ geht es darum, die jeweiligen Ziele auf Auftraggeber- und auf Auftragnehmerseite darzustellen. Folgende Leitfragen können hierzu hilfreich sein:

Auftraggebersicht:

- Was soll mit dem Projektergebnis erreicht werden?
- Worauf legt der Kunde besonders Wert?
- Welchen Nutzen verspricht sich der Kunde von diesem Projekt?

Auftragnehmersicht/Unternehmenssicht:

- Welche Strategie verfolgt Ihr Unternehmen mit diesem Projekt?

- Wie wichtig ist Ihrem Unternehmen dieser Kunde?

Auftragnehmersicht/Projektsicht:

- Welche Profitvorgaben gibt es?
- Welchen Stellenwert hat die Kundenzufriedenheit?
- Welche Vorgaben gibt es bezüglich Claims und/oder Zusatzaufträge?

Die Projektübersicht bietet einen Überblick und beinhaltet daher keine Details, sondern beschränkt sich auf die wesentlichen Informationen über das Projekt.

Diese Übersicht kann Sie daher sehr gut bei der Projektvorstellung im Projekteröffnungsgespräch gegenüber den Projektmitarbeitern (siehe Kapitel 4.1.4) oder bei der Projektpräsentation gegenüber dem Management unterstützen. Sie erreichen damit ein gemeinsames „Bild" und Verständnis der Ziele und Rahmenbedingungen im Projekt.

4.1.4 Projekteröffnungsbesprechung

Die Projekteröffnungsbesprechung (internes Kick-off) ist die wichtigste Projektbesprechung. Deshalb sollten Sie den Teilnehmerkreis entsprechend abstimmen und eine angemessene Zeitdauer vorsehen.

Teilnehmen sollte das komplette Projektteam, bei großen Projekten können Sie sich auf das Kernteam (max. 8 - 10 Mitarbeiter) beschränken.

Mit dem ersten Treffen setzen Sie deutliche Signale in Richtung Teamarbeit. Das Projekt wird umso erfolgreicher verlaufen, je besser es Ihnen gelingt, den Einzelnen persönlich einzubinden und das kreative und konstruktive Potenzial des Teams zu aktivieren. Störungen und Ablenkungen der Teilnehmer sollten Sie bereits durch Planung eines geeigneten

Veranstaltungsortes ausschließen (z. B. externer Tagungsort). Bei größeren Projekten können Sie diese Veranstaltung auch mit einem Teamevent (z. B. Outdoor) kombinieren.

Die Projekteröffnungsbesprechung bietet Ihnen die Chance, alle Beteiligten möglichst früh für das Projekt zu begeistern, die Voraussetzungen für einen reibungsarmen Projektverlauf zu schaffen und die Weichen für eine konstruktive Zusammenarbeit zu stellen.

Tagesordnungspunkte einer Projekteröffnungsbesprechung

- Gegenseitige Vorstellung der Projektmitglieder
- Information über die Vorgeschichte und den Status des Projektes
- Erläuterung der Projektziele, Definition der Kundenziele
- Erarbeitung einer SWOT-Analyse
- Festlegung der Projektorganisation, Abstimmung der Aufgaben/Befugnisse und Verantwortlichkeiten der Teammitglieder
- Definition der benötigten Infrastruktur
- Erarbeitung und Verabschiedung der Spielregeln und Kommunikationswege im Team
- Festlegung der Kommunikation mit den Stakeholdern
- Verabschiedung des Projekthandbuches
- Durchsprache und Festlegung der Projektplanung (Projektstrukturplan, Terminplan, Kostenplan, Ressourcenplan, Risikoanalyse) Abstimmung der Qualitätssicherungsmaßnahmen
- Festlegung der Tools und Hilfsmittel
- Festlegung des Informationsmanagements (Projektbesprechungen, Projektberichte

4.1.5 SWOT-Analyse

Erstellen Sie in der Definitionsphase Ihres Projektes eine SWOT-Analyse (Bild 4.3). Dieses Dokument beinhaltet in übersichtlicher Form die wesentlichen Erfolgsfaktoren und neuralgischen Punkte für Ihr Projekt und ist eine gute Basis für eine detaillierte Risikoanalyse.

Der **SW**-Anteil besteht aus der Bewertung Ihrer Stärken (Strengths) und Schwächen (**W**eaknesses); dies sind die Fähigkeiten und Potenziale, über die Ihr Projekt verfügt. Stärken und Schwächen sind interne Faktoren, bei denen Sie agieren können, um Wettbewerbsvorteile zu erlangen.

Strengths (Stärken)	**Weaknesses (Schwächen)**
▸ Langjährige Erfahrung ▸ Erfahrung als Generalunternehmer ▸ Eigene Fertigung ▸ Eigene Landesgesellschaft vor Ort ▸ Hohe Finanzkraft	▸ Hohe interne Kosten (Overhead) ▸ Unflexible interne Zulieferanten ▸ Starre Hierarchien ▸ Lange Entscheidungswege ▸ Keine Beziehungen zum Kunden
Opportunities (Chancen)	**Threats (Gefahren)**
▸ Nachfolgeaufträge durch gute Projektabwicklung ▸ Zusatzaufträge während der Projektlaufzeit ▸ Erweiterung der Marktanteile ▸ Erhöhung der Kompetenz im Team	▸ Unbekannter Kunde ▸ Unbekannte Projektpartner (Unterauftragnehmer, Lieferanten) ▸ Unsicheres Umfeld (Politik, Kultur) ▸ „Kundenfreundliche" Vertragsbedingungen

Bild 4.3 SWOT-Analyse

Der **OT**-Anteil beinhaltet die Chancen (**O**pportunities) und Gefahren (**T**hreats), die sich für das Projekt aus Trends, Entwicklungen und Veränderungen in Ihrem Umfeld ergeben. Chancen und Gefahren sind externe Faktoren, die durch den

Einsatz von geeigneten Maßnahmen zum Projektvorteil genutzt bzw. abgewendet werden können. Hier müssen Sie auf die veränderten Bedingungen schnell und flexibel reagieren.

4.2 Projektanforderungen

WORUM GEHT ES?

Projektanforderungen ergeben sich aus einer Vielzahl von Quellen. Ausgangspunkt für die Ermittlung der Projektanforderungen ist in der Regel die Anfrage des potenziellen Auftraggebers. Es gibt hier keinen Unterschied zwischen externen und firmeninternen Auftraggebern.

Die nachfolgend aufgeführten Quellen unterstützen Sie beim Ermitteln der Projektanforderungen. Passen Sie die Liste für Ihr jeweiliges Projekt entsprechend an.

Projektanforderungs-Basis:

- Angebotsanfrage
- Ausschreibungsunterlagen
- Lastenheft/Anforderungsspezifikation
- Machbarkeitsstudien (Konzeptbeschreibungen)
- Projektziele
- Funktionalität von Altsystemen
- Existierende Infrastruktur
- Gesetzliche Bestimmungen
- Bestehende und/oder geplante betriebliche Abläufe
- Unternehmensstandards
- Verträge und laufende Projekte im Projektumfeld
- Unternehmensstrategien
- Workshops/Abstimmungen mit Kunden

Voraussetzungen für die Definition der Projektanforderungen: Ein Vorhaben wurde als Projekt definiert, die Zieldefinition liegt vor und die bis dato ermittelten Wünsche und Vorstellungen des Auftraggebers sind den an der Definition der Projektanforderung Beteiligten bekannt.

WAS BRINGT ES?

Zu Projektbeginn ist es entscheidend, die an das Projekt gestellten Anforderungen zu ermitteln und diese mit dem Auftraggeber sowie dem Projektumfeld abzustimmen und zu vereinbaren. Dadurch vermeiden Sie die häufig auftretenden Diskussionen und Diskrepanzen in der Interpretation von unpräzisen Anforderungen.

Des Weiteren sollten Sie die Konflikte oder Widersprüche zwischen einzelnen Anforderungen feststellen und globale Kundenwünsche zu klaren und eindeutigen, lösungsneutralen Anforderungen präzisieren.

WIE GEHE ICH VOR?

4.2.1 Anforderungskatalog

Für jedes Projekt muss ein detaillierter Anforderungskatalog erstellt werden. Der Begriff Anforderungskatalog kann mit Lastenheft, Systemanforderungen, Requirements Specification, Requirements Document etc. gleichgesetzt werden. In diesem Anforderungskatalog sind alle Projektanforderungen zusammengefasst und präzisiert. Damit ist der Anforderungskatalog die Basis für die Konzeption und das Design der in dem Projekt zu liefernden Produkte, Systeme, Dokumente, Anlagen, Studien, Dienstleistungen etc.

Zusätzlich zu den vom Auftraggeber vorgegebenen Anforderungen müssen Sie die oben aufgeführten Quellen für die Projektanforderungen berücksichtigen. Selbst wenn ein Anforderungskatalog vom Auftraggeber beigestellt wurde, sollten Sie diesen überprüfen und die sich aus den oben genannten Anforderungsquellen ergebenden zusätzlichen Projektanforderungen in Abstimmung mit dem Kunden in den Anforderungskatalog integrieren.

Legen Sie besonderen Wert auf die Erfassung der „indirekten" Kundenanforderungen. Betrachten Sie nicht nur die von den Vertragspartnern direkt formulierten, sondern auch die teilweise versteckten und dahinter liegenden Anforderungen der „Nutzer" und anderer Interessengruppen.

Am besten erreichen Sie dies, indem Sie die Betroffenen (Nutzer) zu Beteiligten machen und in die Definition der Projektanforderungen mit einbeziehen.

Fluglotsen-Arbeitsplätze des Towers am Flughafen in Kuala Lumpur

Projektanforderungen gemäß Ausschreibung:

- In die Arbeitsplätze ist das komplette Bedienungs- und Darstellungsequipment der Flugsicherungssysteme am Flughafen zu integrieren.
- Die Konsolen müssen gemäß den relevanten internationalen Richtlinien für Geräuschentwicklung, Brandschutz, Strahlung, Lichtreflexionen, Vibration etc. konzipiert werden.

Dies sind klare und eindeutige technische Anforderungen an die Fluglotsen-Arbeitsplätze, die durch ein entsprechendes Design erfüllt werden können. Durch diese Anforderungen werden allerdings nicht die ergonomischen Gesichtspunkte der Arbeitsplätze abgedeckt. Dabei müssen die entsprechenden Anforderungen aus der Sicht des „Nutzers" in Bezug auf

Ergonomie, Bedienungsfreundlichkeit, logische Anordnung der Bedienelemente, farbliche Gestaltung, Ablageflächen etc. in die Projektanforderungen eingebracht werden.

Checkliste für die Erstellung eines Anforderungskataloges:

- Projektziele
- Ausgangssituation (technisch und organisatorisch)
- Betriebliche Anforderungen, Organisationsabläufe
- Allgemeine Anforderungen (Systemleistung, Verfügbarkeit, Performance, Mengengerüst, Designkriterien)
- Systemanforderungen (Daten, Funktionalität, Schnittstellen, Hardware, Software)
- Infrastrukturelle Anforderungen (Netz, Strom, Klima, Erdungssystem, Räume, Brandschutz)
- Inbetriebsetzung und Abnahme
- Schulung (Anwender, Administratoren, Betrieb)
- Wartung und Instandhaltung (während/nach der Gewährleistung)
- Leistungen des Auftraggebers (Mitarbeit, Beistellungen)
- Rahmenbedingungen (Qualitätsanforderungen, Gesetze, Normen, Urheberrechte, Umweltschutz, Außerbetriebnahme)
- Kommerzielle Bedingungen (Transporte, Zollbestimmungen)

Basierend auf dieser Checkliste ist der Anforderungskatalog für das jeweilige Projekt detailliert zu erstellen.

Erarbeiten der Projektanforderungen

- Formulieren Sie die Projektanforderungen lösungsneutral und nutzen Sie für die Erstellung der Projektspezifikation das Know-how Ihrer Spezialisten.
- Nutzen Sie entsprechende Tools für die Zuordnung und Verwaltung der Projektanforderungen (Requirements Tracing).
- Investieren Sie genügend Zeit und Ressourcen in die Ermittlung der Projektanforderungen.
- Stimmen Sie alle Projektanforderungen verbindlich mit allen Projektbeteiligten, insbesondere mit dem Auftraggeber ab.

4.3 Projektstrukturierung

WORUM GEHT ES?

Der Projektstrukturplan (PSP) bietet ein übersichtliches und vollständiges Bild von allen Objekten und Tätigkeiten zum Erreichen des Projektzieles. Er ist die hierarchische Ordnung von Arbeitspaketen, bei der die oberste Ebene dem Projektziel entspricht und die unterste Ebene aus den Arbeitspaketen besteht. Diese Arbeitspakete müssen widerspruchsfrei und eindeutig bewertbar sein in Bezug auf Liefer- und Leistungsumfang, Kosten und Zeitaufwand sowie auf Verantwortlichkeiten und Ressourcenzuordnung.

Schnittstellen zwischen zwei Arbeitspaketen werden korrespondierend definiert, somit ist die Beziehung zwischen zwei Arbeitspaketen aus beiden Betrachtungsrichtungen klar. Die Hauptkriterien für den Strukturplan sind **Vollständigkeit und Übersichtlichkeit** der Arbeitspakete. Die zeitliche Abfolge spielt hier noch keine Rolle.

Der Projektstrukturplan ist die Basis für die weiteren Planungsaktivitäten, da aus ihm alle weiteren Projektpläne abgeleitet werden. Jedes Arbeitspaket des Strukturplans kann bei Bedarf in weitere Arbeitsschritte (Aktivitäten) zerlegt werden.

Die Arbeitspakete der untersten Hierarchieebene müssen:

- ein konkretes Ergebnis definieren,
- bezüglich Mengenangaben und Aufwand kalkulierbar sein,
- eindeutig und überschneidungsfrei sein,
- organisatorische Zuständigkeiten festlegen und
- einer oder mehreren Personen eindeutig zuzuordnen sein

Der Strukturplan bietet darüber hinaus:

- die Basis für die gesamten Planungs- und Steuerungsaktivitäten wie Aufwandsabschätzung, Personalplanung, Ablaufplanung, Terminplanung, Kostenplanung, Preisermittlung, Risikoanalyse etc.,
- die vollständige Erfassung und übersichtliche Gliederung des Projektes in Teilaufgaben und Verantwortlichkeiten,
- die Verteilgrundlage für Aufgaben und Verantwortlichkeiten,
- eine Methode zur Projektkoordination,
- die Grundlage für den Dokumentations- und Informationsfluss und
- die Kommunikationsbasis im Projektteam

Voraussetzungen für die Erstellung des detaillierten Projektstrukturplans sind die erfolgte Zieldefinition sowie die Definition der Projektanforderungen.

WAS BRINGT ES?

Hauptziel der Strukturierung ist es, den gesamten Liefer- und Leistungsumfang in überschaubare und planbare Teilprojekte und Arbeitspakete zu unterteilen sowie die durchzuführenden Tätigkeiten und zu liefernden Produkte vollständig zu erfassen.

Der Projektstrukturplan ist die Voraussetzung für die weitere Projektplanung bezüglich Kosten, Ressourcen, Terminen, Schnittstellen, Risiken, Verantwortlichkeiten und Abhängigkeiten im Projekt. Er ist somit das Herzstück der Projektplanung.

WIE GEHE ICH VOR?

Beginnen Sie die eigentliche Planungsphase mit der Erstellung des Projektstrukturplans. Sie haben verschiedene Möglichkeiten zur Erstellung eines Strukturplans.

4.3.1 Objektorientierter Strukturplan

Er beschreibt alle sichtbaren Teile des Projektes, wie z. B. Hardware, Software, Dokumente etc. Dies entspricht auch der Produktstruktur Ihres Projektes. Diese Strukturierungsart eignet sich für Projekte, bei denen der Lieferanteil überwiegt (Bild 4.4).

4.3.2 Funktionsorientierter Strukturplan

Er zeigt die beschriebenen Tätigkeiten (Arbeitspakete), um die sichtbaren Teile zu erstellen, d. h. die notwendigen Funktionen (Tätigkeiten) für das Erreichen der Projektziele und ist für Projekte geeignet, bei denen er Leistungsanteil überwiegt (Bild 4.5).

4.3.3 Phasenorientierter Strukturplan

Sind auf der obersten Ebene des Strukturplans die einzelnen Projektphasen (siehe auch Kapitel 3.1) aufgeführt, so bezeichnet man diesen als phasenorientierten Strukturplan.

4.3.4 Gemischtorientierter Strukturplan

In der Praxis werden die beiden vorgenannten Strukturpläne nur selten getrennt. Um der Forderung nach **Vollständigkeit** gerecht zu werden, sollten Sie die Kombination dieser beiden Pläne zu einem gemischtorientierten Projektstrukturplan anstreben, da nur dieser Strukturplan alle Objekte und Tätigkeiten des Projektes beinhaltet.

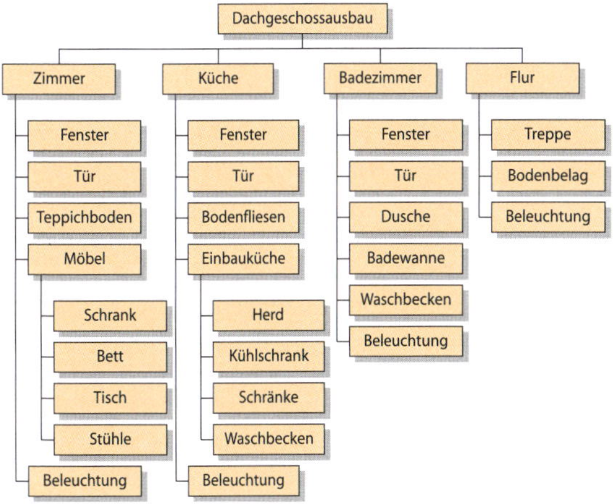

Bild 4.4 Objektorientierter Projektstrukturplan

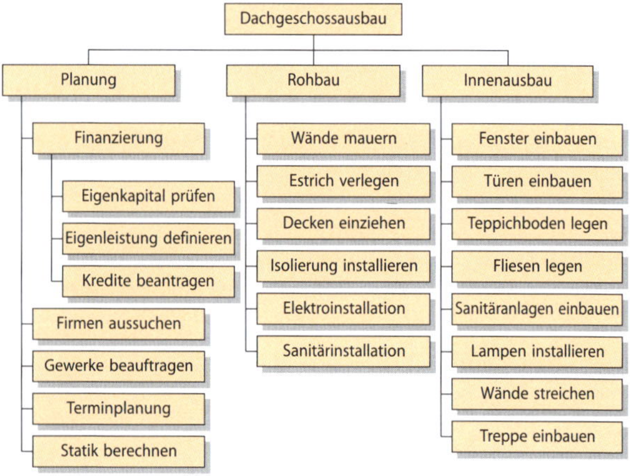

Bild 4.5 Funktionsorientierter Projektstrukturplan

Es gibt keine strikte Vorgehensweise für die Kombination von Objekten und Funktionen. Es ist allerdings von Vorteil, auf den höheren Ebenen die Objekte zu bevorzugen und diesen Objekten auf den unteren Ebenen die entsprechenden Funktionen (Tätigkeiten) zuzuordnen. Die jeweils unterste Ebene besteht generell aus Tätigkeiten.

Das Beispiel zeigt den (vereinfachten) gemischtorientierten Projektstrukturplan für den Bau eines Einfamilienhauses (Bild 4.6).

4.3.5 Der Weg zum Projektstrukturplan

Erstellen Sie den Projektstrukturplan nicht alleine, sondern gemeinsam mit dem gesamten Projektteam. Bei größeren Projekten erstellt das Kernteam den Projektstrukturplan.

Deduktives Vorgehen – Vom Allgemeinen ausgehend, ableitend

- Definieren Sie das Projektziel und erstellen Sie danach einen Top-down-Aufriss von Teilprojekten, Hauptarbeitspaketen bis zu den Arbeitspaketen.
- Wählen Sie diese Methode, wenn der Liefer- und Leistungsumfang bereits gut zu überblicken sind.

Induktives Vorgehen – Vom Einzelnen zum Allgemeinen hinführend

- Sammeln Sie die Arbeitspakete für das Projektziel. In einem zweiten Arbeitsschritt gruppieren Sie die Arbeitspakete zu Hauptarbeitspaketen und Teilprojekten (Bottom-up).
- Wählen Sie diese Methode, wenn das Projekt schwer überschaubar ist.

Checkliste zum Strukturieren

- Strukturierungsprinzip festlegen (deduktiv, induktiv)
- Ermitteln, ob aus ähnlichen Projekten bereits vorhandene Strukturpläne als Basis herangezogen werden können
  - Obere Ebene eindeutig und vollständig mit den Objekten/Funktionen bzw. Phasen belegen (deduktiv), danach bis auf Arbeitspaketebene herunterbrechen

  oder
  - Sammeln von Arbeitspaketen für das Projektziel und zu Objekten/Funktionen bzw. Phasen (induktiv) gruppieren
- Arbeitspakete inhaltlich detailliert beschreiben
- Arbeitspakete auf Vollständigkeit und Überschneidungen prüfen
- Ressourcen, Zeitaufwand, Kosten und Verantwortlichkeiten den Arbeitspaketen zuordnen
- Nummernsystematik zur eindeutigen Identifizierung der Arbeitspakete vergeben

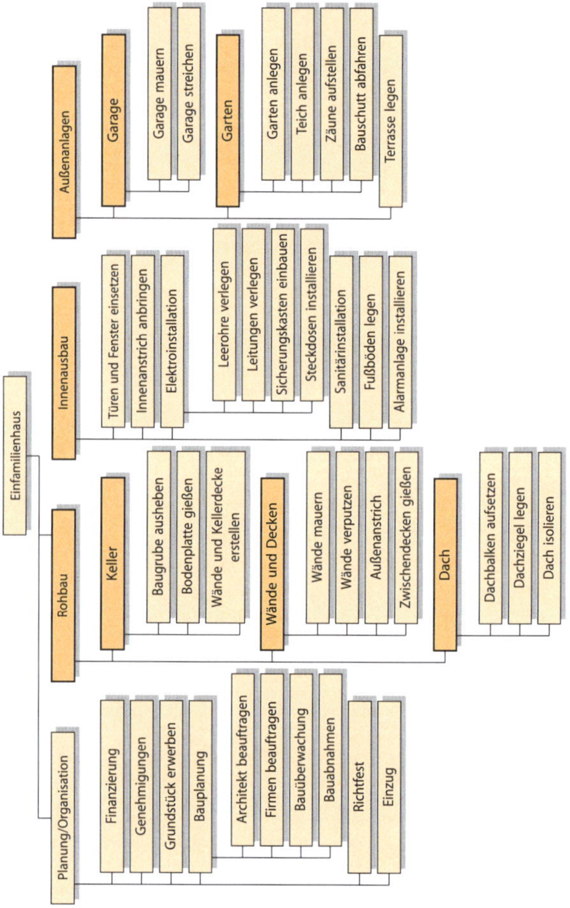

Bild 4.6 Gemischtorientierter Projektstrukturplan

Arbeitspakete definieren

Brechen Sie die Arbeitspakete so weit herunter, bis eine eindeutige Zuordnung von Kosten, Ressourcen und Zeitaufwand möglich ist. Der Umfang der Arbeitspakete ist somit sehr unterschiedlich und reicht von einer bestimmten Tätigkeit eines Teammitgliedes (z. B. Erstellung einer Schnittstellenbeschreibung) bis zur Vergabe eines umfangreichen Entwicklungsauftrages an einen Unterauftragnehmer oder eine benachbarte Abteilung. In diesem Fall kann es später notwendig sein, beim Erstellen des Netzplans dieses Arbeitspaket in einzelne Aktivitäten zu zergliedern, um die notwendigen logischen Zusammenhänge mit anderen Arbeitspaketen und Vorgängen herzustellen.

Als Tool für die ersten zwei bis drei Ebenen der Strukturierung haben sich Metaplanwand und Moderationskarten bewährt, da diese Methode eine gute Übersicht für alle bietet und Sie flexibel und rasch Zuordnungen ändern können. Übertragen Sie die Ergebnisse ab einem gewissen Detaillierungsgrad in ein Projektplanungstool.

4.3.6 Arbeitspakete

Arbeitspakete sind im Strukturplan die Felder der untersten Ebene, denen keine weiteren Pakete nachgeschaltet sind. Im Arbeitspaket sind verschiedene Werte und Informationen hinterlegt:

- Beschreibung der Aufgabe oder Funktion
- Bearbeitungsdauer
- PSP-Code
- Ressourcen
- Verantwortlicher
- Kosten/Preise (Personal, Material, Fremdleistung)

- Material und Fremdleistungsbedarf (optional)
- Qualitätssicherungsmaßnahmen (optional)
- Abnahmebedingungen (optional)
- Schnittstellen zu anderen Paketen (optional)
- Risiken (optional)

4.3.7 Methoden zur Aufwandschätzung

Die Aufwandsschätzungen für Personalleistungen sind eine der anspruchsvollsten Aufgaben im Projektmanagement. Kriterien für die Aufwandschätzungen sind:

- Inhalt des Arbeitspaketes,
- Komplexität des Arbeitspaketes,
- Qualifikation der vorgesehenen Ressourcen,
- Erfahrungswerte,
- „Ehrlichkeit“ der Schätzungen (keine versteckten Puffer),
- Randbedingungen der Aufgaben (z. B. Schnittstellen, Informationsbedarf).

Schätzmethoden:

- **Analogiemethode:**
  Vergleich mit ähnlichen Projekten/Teilprojekten/Arbeitspaketen; schnell, relativ ungenau.
- **Parametrische Methode:**
  Messbare Ergebnisgrößen als Basis, z. B. Funktionspunkte bei Software, Kabellängen bei Installationen, Kosten pro Quadratmeter beim Hausbau; aufwändiger als Analogiemethode, mittlere Genauigkeit.
- **Expertenklausur:**
  Hoher Aufwand, relativ hohe Genauigkeit (Bild 4.7).

- **PERT-Schätzung:**
  Schnell, relativ hohe Genauigkeit (Bild 4.8).

Schritt 1	Adäquate Experten einladen
Schritt 2	Arbeitspakete zu Schätzkomponenten zusammenfassen
Schritt 3	Moderator und Protokollführer bestimmen
Schritt 4	Moderator erläutert die Schätzkomponente (Inhalt, Randbedingungen, Risiken)
Schritt 5	Jeder Teilnehmer schätzt (verdeckt) den Aufwand (z.B. in Manntagen) der Schätzkomponente
Schritt 6	Ergebnisse werden addiert und durch die Anzahl der Teilnehmer geteilt. Das Endergebnis wird in eine Tabelle eingetragen.
Schritt 6a	Alternativ: Die Teilnehmer mit dem höchsten und niedrigsten Schätzwert begründen ihre Schätzung. Danach wird die Schätzung wiederholt.

Bild 4.7 Expertenklausur

PERT-Schätzung

- Arbeitspakete definieren
- Arbeitspakete in einzelne Aktivitäten unterteilen
- Den Aufwand der Aktivitäten wie folgt ermitteln:
  - pessimistischen Wert (pW) schätzen
  - optimistischen Wert (oW) schätzen
  - realistischen Wert (rW) schätzen
- Den Aufwand anhand folgender Formel kalkulieren:

$$\textbf{Aufwand} = \frac{oW + (4 \times rW) + pW}{6}$$

Beispiel:

$$\frac{10\,MT + (4 \times 12\,MT) + 26\,MT}{6} = 14 \text{ Manntage}$$

Bild 4.8 PERT-Schätzung

Projektstrukturierung

- Hängen Sie den Strukturplan während der Abwicklung eines Projektes für alle Projektteammitglieder sichtbar auf, so haben Sie immer einen Gesamtüberblick über Ihr Projekt.
- Legen Sie die Projektstruktur nie allein, sondern gemeinsam mit Ihrem Projektteam fest.
- Ziehen Sie bei Bedarf (projekt-)externe Spezialisten für die Strukturierung Ihres Projektes zu Rate.
- Vermeiden Sie bei der Projektstrukturierung Diskussionen über die zeitlichen Abläufe und konzentrieren Sie sich auf die **Vollständigkeit** aller Objekte und/oder Tätigkeiten.
- Überprüfen Sie den Projektstrukturplan regelmäßig im Rahmen des Projektcontrollings und aktualisieren Sie ihn bei Bedarf.

5 Führung im Projekt

Als Projektleiter sind Sie verantwortlich für den wirtschaftlichen Erfolg Ihres Projektes. Somit ist es eine Ihrer Hauptaufgaben, die Leistungsbereitschaft Ihres Projektteams zu fördern und Ihr Projektteam entsprechend zu führen und zu motivieren. In diesem Kapitel sind hierfür hilfreiche Maßnahmen und Verhaltensweisen anschaulich beschrieben.

5.1 Die Rolle des Projektleiters

WORUM GEHT ES?

Ihre Hauptaufgabe als Projektleiter ist die Führung des Ihnen zugeordneten Projektteams. Neben Ihrem spezifischen Fachwissen und dem Beherrschen der Methoden und Techniken des Projektmanagements müssen Sie vor allem mit psychosozialen Prozessen in Projekten umgehen können. Als Projektleiter üben Sie daher eine Rolle als Führungskraft auf Zeit aus, in der Regel ohne disziplinarische Befugnisse.

WAS BRINGT ES?

Ziel dieses Kapitels sind die Sensibilisierung für die Rolle des Projektleiters als Führungskraft sowie das Erkennen der unterschiedlichen Rollenanforderungen an den Projektleiter. Darüber hinaus erfahren Sie, von welch großer Bedeutung die Förderung der Leistungsbereitschaft der Projektteammitglieder für den Erfolg Ihres Projektes ist.

WIE GEHE ICH VOR?

Ihr Alltag als Projektleiter umfasst ein breites Spektrum an unterschiedlichen Tätigkeiten: strukturieren, planen, überwachen, steuern, Verhandlungen führen, Konflikte lösen, analysieren, Strategien entwickeln, entscheiden, Risiken erkennen und bewerten, vermitteln, berichten und vieles mehr. Diese vielfältigen Anforderungen lassen sich vier unterschiedlichen Rollen zuordnen (Bild 5.1).

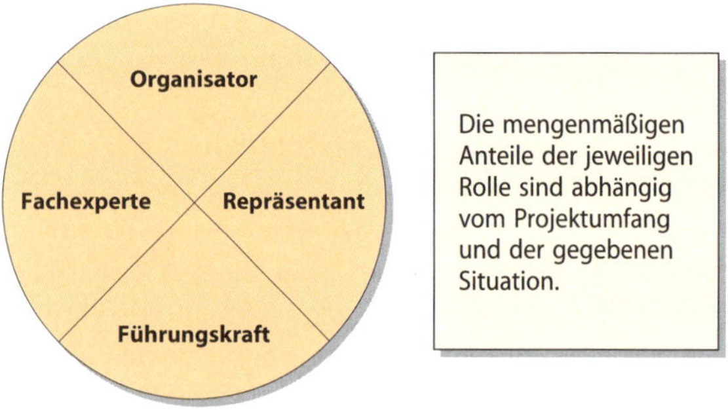

Bild 5.1 Aufgaben des Projektleiters

In einem kleinen Projekt können Sie fachliche Aufgabengebiete noch größtenteils selbst bearbeiten. Aber ab einer gewissen Projektgröße und -komplexität ist es notwendig, die fachlichen Aufgaben weitgehend zu delegieren und Arbeitsvorgänge und Ergebnisse zu koordinieren.

Damit tritt Ihre Rolle als Fachexperte in den Hintergrund, während Ihre Eigenschaften als Führungskraft bzw. als Organisator entscheidend an Bedeutung gewinnen. Wegen der technisch orientierten Ausbildung vieler Projektleiter fällt der Schritt „weg vom Experten" hin zum Generalisten und Mitarbeiter-Coach oft schwer.

Eine wichtige Aufgabe im Projekt ist die Rolle des „Repräsentanten“, d. h., Sie müssen Ihr Projekt und Ihr Projektteam gegenüber dem Auftraggeber und Ihrem Management erfolgreich „verkaufen“.

Die Führungskraft

- vereinbart Ziele
- delegiert Verantwortung und Kompetenz
- schafft Freiräume
- begeistert Mitarbeiter für eine zielorientierte Aufgabenbewältigung
- informiert angemessen
- gibt konstruktive Rückmeldungen und Hilfe zur Selbsthilfe
- kann mit Menschen umgehen und auf sie eingehen
- ist verantwortlich für Mitarbeiterentwicklung
- pflegt einen offenen Dialog
- hört aktiv zu, stellt Fragen, ist offen für neue Ideen
- kann überzeugen
- unterstützt bei Schwierigkeiten und Konflikten, beseitigt Hemmnisse
- vermag das Potenzial seiner Mitarbeiter richtig einzuschätzen
- kann ein Team zusammenschweißen und auf ein gemeinsames Ziel ausrichten

Der Organisator

- gestaltet Prozesse und Zeitpläne
- verfolgt Termine und Ergebnisse
- erarbeitet und etabliert Methoden
- koordiniert unterschiedliche Aktivitäten und Ressourcen

- moderiert Teams
- schafft adäquate Arbeitsvoraussetzungen, priorisiert Aufgaben und
- löst Organisationsprobleme

Der Fachexperte

- hat den Überblick über den Projektumfang
- vermittelt fachliche Zusammenhänge
- hält seine Fachkompetenzen auf aktuellem Stand
- löst fachliche Probleme, erarbeitet Innovationen
- orientiert sich an Prozessen, optimiert sie kontinuierlich
- nutzt Lernchancen zur Erweiterung seiner Fachkompetenz

Der Repräsentant

- vertritt sein Projekt nach „außen“,
- präsentiert den Projektstatus firmenintern und beim Kunden,
- fungiert als zentraler Ansprechpartner für alle Projektbelange.

5.1.1 Führungsstile

Die vier grundsätzlichen Führungsstile orientieren sich an Sach- bzw. Mitarbeiterorientierung (Bild 5.2).

Generell sollten Sie einen kooperativen Führungsstil bevorzugen, welcher sowohl die Sach- als auch die Mitarbeiterinteressen berücksichtigt. In verschiedenen Projektphasen kann es angebracht sein, den Führungsstil zu ändern und sich je nach Bedarf mehr in Richtung Sach- oder Mitarbeiterorientierung zu bewegen (situatives Führen).

Der Projekterfolg ist weitgehend abhängig von den Leistungen der Mitarbeiter. In Projekten sind die Anforderungen an deren Leistungsfähigkeit und Leistungsbereitschaft oft ungleich höher als im Vergleich zu Routinetätigkeiten. Deshalb müssen Sie ein entsprechendes Projektumfeld schaffen, um eine verstärkte Einsatzbereitschaft der Projektmitarbeiter zu erzielen.

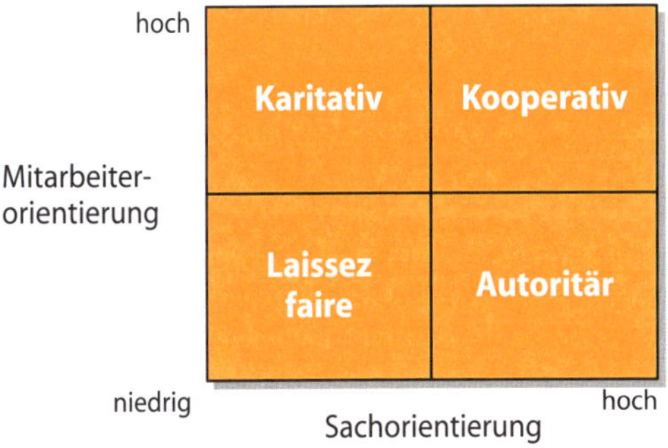

Bild 5.2 Führungsstile

Maßnahmen zur Motivation

- Anerkennung der Leistung
- Konstruktives Feedback
- Partnerschaftliches Verhalten
- Berücksichtigung von Meinungen und Interessen
- Gemeinsame Zielvereinbarung
- Bereitstellung der notwendigen Informationen
- Einbindung in den Entscheidungsprozess
- Übertragung von Verantwortung
- Abbau von Ängsten und Hemmschwellen
- Interesse und Vertrauen in die Mitarbeiter

5.1.2 Vorgesetzter versus Führungskraft

Als Projektleiter haben Sie in der Regel keine disziplinarischen Befugnisse Ihren Projektmitarbeitern gegenüber. Dies bedeutet, dass Sie in der Rolle als Führungskraft wesentlich aufmerksamer und sensibler agieren müssen als in der Rolle als Vorgesetzter. Die wesentlichen Unterschiede sind in Tabelle 5.1 dargestellt.

Tabelle 5.1 Unterschiede Vorgesetzter – Führungskraft

Vorgesetzter	Führungskraft
Einfluss wird durch formale Befugnisse erlangt	Einfluss wird durch die Interaktion zwischen Führungskraft und Mitarbeiter erlangt
Basiert auf der Beziehung, die von der organisatorischen Hierarchie bestimmt wird	Vertraut auf Beziehung aus Vertrauen, Unterstützung und Glaubwürdigkeit
Einfluss basiert auf dem Verhältnis der hierarchischen Positionen und wird durch das Recht zu bestimmen und Zustimmung zu fordern erreicht	Einfluss basiert auf dem Verhältnis der Personen untereinander und wird durch Engagement, Zusammenarbeit und die Fähigkeit zu begeistern erreicht

Mitarbeiter führen

- Behandeln Sie Ihre Mitarbeiter als gleichberechtigte Partner im Projekt.
- Konzentrieren Sie sich als Projektleiter auf Ihre Rolle als Führungskraft und lassen Sie Ihre Mitarbeiter die fachlichen Aufgaben weitgehend eigenständig erledigen (auch wenn Sie glauben, der bessere Fachexperte zu sein).
- Beziehen Sie Ihre Mitarbeiter in Ihre Überlegungen, Planungen und Entscheidungen mit ein.

- Schaffen Sie in Ihrem Team von Anfang an eine Basis vertrauensvoller Zusammenarbeit.
- Passen Sie Ihren jeweiligen Führungsstil auf die entsprechende Situation bzw. auf die Person an.

5.2 Kommunikation im Projektteam

WORUM GEHT ES?

Ihre Projektziele können Sie nur erreichen, wenn die Qualität der Kooperation, Information und Kommunikation stimmt. Deshalb muss sich das Projektteam darüber verständigen, wie die Teammitglieder zusammenarbeiten und kommunizieren wollen.

Gemeinsam vereinbarte Spielregeln, zu denen alle Teammitglieder ihr Einverständnis erklären, helfen Ihnen, die Zusammenarbeit und die Kommunikation zu regeln. Diese Spielregeln bilden die Grundlage für die Zusammenarbeit und sind damit das „Grundgesetz des Teams".

Viele Teams verzichten darauf, Spielregeln zu vereinbaren oder erkennen deren Zweck und Nutzen nicht. Bei entsprechend eingespielten Teams kann das funktionieren, häufig wird jedoch versteckter Ärger über bestimmte Verhaltens- und Vorgehensweisen Einzelner entstehen. Dies kann Konflikte zur Folge haben, unter denen die Arbeitsergebnisse leiden. Um dem vorzubeugen, vereinbaren Sie schon bei der Kick-off-Besprechung die Spielregeln und achten Sie danach auf deren konsequente Einhaltung.

WAS BRINGT ES?

Für ein erfolgreiches Projekt müssen Sie neben den fachlichen auch die zwischenmenschlichen Aspekte der Projektarbeit im Auge behalten.

Effektive Kommunikation zwischen den Projektbeteiligten ergibt sich nicht von selbst – dieses Kapitel bietet Ihnen Modelle und Hilfestellungen zur täglichen Kommunikation mit den Projektmitarbeitern und beschreibt die im Projekt unerlässlichen Kommunikationsregeln.

WIE GEHE ICH VOR?

5.2.1 Wie kommt ein Team zu Spielregeln?

Vereinbaren Sie zu Projektbeginn gemeinsam mit Ihrem Team die Spielregeln zur Kommunikation und Zusammenarbeit im weiteren Projektverlauf. Stellen Sie dabei sicher, dass Sie das „Commitment" aller Teammitglieder haben.

Nützliche Spielregeln

- Probleme werden offen und direkt angesprochen (Offenheit).
- Konstruktives Feedback ist erwünscht.
- Abweichende Meinungen werden akzeptiert.
- Jeder trägt zu den Teamzielen bei.
- Teamergebnisse werden von allen nach außen vertreten.
- Jeder ist für sich und sein Handeln selbst verantwortlich.
- Persönliche Anliegen werden vertraulich behandelt.
- Absprachen und Zeiten werden eingehalten.
- Besprechungen werden adäquat vorbereitet (Einladung, Agenda, Beiträge).
- Beiträge sind kurz prägnant und zeitgerecht.

- Bei Teambesprechungen redet immer nur einer zur gleichen Zeit.
- Interkulturelle Unterschiede werden akzeptiert.
- Stärken und auch Schwächen werden akzeptiert.
- Aktivitäten und Ergebnisse werden für alle sichtbar visualisiert.

Beispiele für Probleme in der Zusammenarbeit

- Unzureichende Arbeitsbedingungen
- Mangelnder Informationsfluss
- Schlechte Vorbereitung
- Unpünktlichkeit, Unzuverlässigkeit
- Rechthaberei, Unsachlichkeit
- Aktionismus
- Zielkonflikte
- Themen zerreden, nichts auf den Punkt bringen
- Unverständnis gegenüber Kultur, Sprache, Mentalität, Gestik und Mimik
- Profilneurose einzelner Teammitglieder
- Unfaire Fehlerkultur („Der Überbringer schlechter Nachrichten wird bestraft“)

5.2.2 Feedback

Feedback ist ein wichtiges Instrument im Umgang miteinander. Feedback hilft Ihnen, die Wirkung des eigenen Verhaltens richtig einzuschätzen, d. h. zu erfahren, ob Ihre Botschaft so ankommt, wie Sie diese gemeint haben. Formulieren Sie Feedback nach bestimmten Regeln, damit Ihr Gegenüber das Feedback annimmt und davon profitiert.

Feedback geben

Beginnen Sie mit einem positiven Einstieg. Sie verdeutlichen damit, dass Sie nicht nur Kritik üben, sondern auch positives Verhalten des anderen wahrnehmen. Dies schafft wiederum Akzeptanz für kritischere Rückmeldungen. Konstruieren Sie aber keine positiven Details, dies wirkt unglaubwürdig.

Nutzen Sie danach die drei „W" (Wahrnehmung, Wirkung, Wunsch) für Ihr Feedback.

Wahrnehmung:

Beschreiben Sie, was Sie als Feedback-Geber wahrgenommen haben, wertfrei, präzise und konkret. Verlieren Sie sich nicht in Verallgemeinerungen, denn damit kann der Feedback-Nehmer wenig anfangen.

Wirkung:

Teilen Sie Ihrem Gesprächspartner danach mit, wie etwas auf Sie gewirkt hat. Der Feedback-Nehmer muss wissen, ob sein Handeln z. B. Unzufriedenheit oder Ärger ausgelöst hat. Damit kann er kontrollieren, welche Wirkung sein Verhalten zeigt und ob er sich dieser Wirkung bewusst war. Vielleicht hatte er diese Wirkung überhaupt nicht beabsichtigt.

Wunsch:

Teilen Sie Ihrem Gesprächspartner konkret mit, was Sie sich wünschen. Wenn Sie konkrete und realisierbare Änderungsvorschläge machen, ist das nicht nur für den Empfänger hilfreich, sondern vermittelt ihm zusätzlich eine wertschätzende Haltung.

Beenden Sie Ihr Feedback mit dem Nutzen für den Feedback-Empfänger. Der Feedback-Nehmer soll wissen, was er erreichen kann, wenn er Ihre Wünsche berücksichtigt. Dadurch wird er motiviert, sein Verhalten zu ändern.

Feedback geben

- **Wahrnehmung:** Du hast mich bei unserer letzten Projektbesprechung mehrfach unterbrochen.
- **Wirkung:** Ich fühlte mich übergangen und war enttäuscht und verärgert, weil ich meine Beiträge nicht einbringen konnte.
- **Wunsch:** Ich wünsche mir, dass du bei der nächsten Sitzung am Dienstag darauf achtest, dass du mich ausreden lässt.
- **Nutzen:** Wenn du andere nicht unterbrichst hören dir die Teilnehmer auch lieber zu, und du trägst dazu bei, dass eine ruhigere und freundlichere Atmosphäre in unseren Besprechungen herrscht.

Feedback nehmen

Regeln für Feedback-Nehmer:

- Signalisieren Sie Aufmerksamkeit und hören Sie gut zu.
- Nehmen Sie zunächst nur das Feedback auf, und rechtfertigen Sie sich nicht.
- Sie sollten sich auch nicht verteidigen oder den anderen angreifen, indem Sie ihm unlautere Motive unterstellen.
- Stellen Sie Verständnisfragen, wenn Ihnen etwas unklar ist. Das verhindert aneinander vorbeizureden und signalisiert außerdem Selbstsicherheit und Interesse am Feedback.
- Bedanken Sie sich für das Feedback. Das ermutigt den Feedback-Geber, auch weiterhin den Mut und die Zeit aufzubringen, Ihnen die Wirkung Ihres Verhaltens mitzuteilen.

Kommunikation im Projektteam

- Verlassen Sie bei der Erarbeitung von Spielregeln Ihre Projektleiterrolle und nehmen Sie eine neutrale Position ein.
- Akzeptieren Sie Feedback von Ihren Projektmitarbeitern, auch wenn es nicht Ihrer Meinung entspricht. Sie schaffen damit Akzeptanz im Projektteam.
- Geben Sie Feedback zeitnah. Beachten Sie dabei aber die Gefühlslage des Feedback-Nehmers sowie Ihre eigene Stimmung.
- Beginnen Sie Ihre Sätze mit **„Ich“**. Ich-Botschaften vermitteln, dass **Sie** hinter dem Gesagten stehen und sich nicht hinter anderen oder Pauschalaussagen verstecken.
- Stellen Sie sicher, dass das Feedback-Gespräch ungestört unter vier Augen stattfindet.
- Formulieren Sie das Feedback so, dass Sie es bei Erhalt auch akzeptieren würden!

5.3 Teamentwicklung und Zusammenarbeit

WORUM GEHT ES?

Von der Zusammenstellung einzelner Mitarbeiter zu einer Projektgruppe bis zur optimalen Zusammenarbeit als Team ist oft ein langer Weg. Dieser Weg wird auch als Teamentwicklungsprozess bezeichnet. Wird die Teamentwicklung dem Zufall überlassen, dann scheitern viele Projekte an zwischenmenschlichen Faktoren.

WAS BRINGT ES?

Das Erreichen der Projektziele hängt in erster Linie von der Zusammenarbeit der Projektmitarbeiter ab. Ein Projektteam, das sich auf die Projektziele konzentriert, ist erheblich produktiver als ein Team, welches seine Energie für die Lösung zwischenmenschlicher und teaminterner Probleme einsetzen muss.

Für Sie als Projektleiter ist es eine große Herausforderung, den notwendigen Teamentwicklungsprozess zu initiieren und zu gestalten. Dieser Abschnitt zeigt dazu konkrete Einflussmöglichkeiten.

WIE GEHE ICH VOR?

5.3.1 Teamentwicklungsprozess

Der Teamentwicklungsprozess lässt sich in vier Phasen einteilen und ist auf der Teamuhr (Bild 5.3) anschaulich dargestellt.

5.3.2 Orientierungsphase (Forming)

Zu Beginn nehmen sich die Teammitglieder in der Regel vorsichtig in Augenschein, der Umgang ist distanziert und höflich. Beachten Sie, dass sich verschiedene Teammitglieder gegebenenfalls schon kennen, während sich andere völlig fremd sind. Sie haben hier hauptsächlich die Rolle des „Gastgebers".

Ihre Einflussmöglichkeiten zur Steigerung der Effizienz im Forming:

- Durchführung eines Kick-off-Workshops, in dem die Teammitglieder untereinander und mit dem Projekt vertraut werden (inkl. Rollen, Verantwortlichkeiten, Spielregeln, Informationsfluss etc.)
- Alle Teammitglieder aktiv einbinden
- Klare Projektziele definieren

- Informationsaustausch fördern
- Verantwortung delegieren
- Infrastruktur bereitstellen
- Teambuilding-Maßnahmen (z. B. Outdoor-Veranstaltung) durchführen

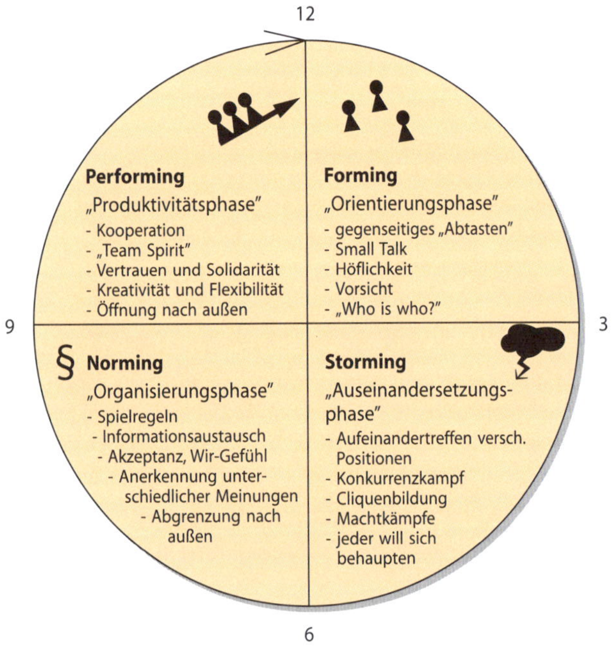

Bild 5.3 Teamuhr

5.3.3 Auseinandersetzungsphase (Storming)

Nach der ersten Etablierung des Teams folgt eine Phase von Turbulenz und Konfrontation. Unterschiedliche Meinungen und Sichtweisen prallen aufeinander, jeder versucht, sich zu behaupten. Konkurrenz in der Gruppe wird deutlich, es geht auch um die Hackordnung. Untereinander werden Privilegien, Status und Rollen neu aufgeteilt, was meist mit unterschwelligen oder auch offenen Konflikten einhergeht.

Ihre Einflussmöglichkeiten zur Steigerung der Effizienz im Storming:

- Konflikte offen ansprechen, eigenes Konfliktverhalten reflektieren und Hilfen zur Konfliktlösung anbieten
- Konstruktives Feedback geben, Feedbackrunden ermöglichen, als Projektleiter ansprechbar sein und ein Klima der Akzeptanz und des Vertrauens schaffen
- Projektziele, Teamziele und persönliche Ziele abgleichen
- Gleichmäßigkeit und Eignung bei der Ressourcenauslastung berücksichtigen
- Erreichen von Zwischenzielen (Meilensteinen) entsprechend würdigen
- Teammitglieder austauschen (nur als letzte Konsequenz)

5.3.4 Organisierungsphase (Norming)

Wenn die Beziehungen unter den Teammitgliedern geklärt sind, stehen die Projektziele im Vordergrund. Es werden Vorgehensweisen für die Aufgabenverteilung, die Arbeitsmethoden und den Umgang miteinander etabliert. Das Team hält sich an die Spielregeln der Zusammenarbeit und stellt Teamnormen auf. Wir-Gefühl, Vertrauen und Zusammenhalt im

Team bilden sich aus, es entsteht Kooperation innerhalb des Teams. Dies geht allerdings häufig auch mit einer Abgrenzung nach „außen" einher.

Ihre Einflussmöglichkeiten zur Steigerung der Effizienz im Norming:

- Auf Einhaltung der Spielregeln achten und Raum für Feedback geben
- Informationsfluss steuern, Arbeitsmittel optimieren
- Erreichen von Meilensteinen „feiern"
- Mitarbeiter fordern und fördern, Verantwortlichkeiten übertragen und in Entscheidungen einbeziehen
- Kooperation und Teamarbeit „vorleben"
- Stärken der Teammitglieder gezielt für das Projekt einsetzen und Schwächen z. B. durch Qualifizierung gezielt verbessern

5.3.5 Produktivitätsphase (Performing)

Die Rollen im Team sind geklärt, die Aufgaben verteilt, teaminterne Probleme gelöst oder weitgehend entschärft. Damit ist die Basis für eine konstruktive Zusammenarbeit geschaffen. Das Team ist jetzt ganz auf das Projektziel fokussiert. Die Projektprozesse werden optimiert und münden in einer konstruktiven, kreativen, flexiblen und produktiven Aufgabenbearbeitung. Das Team ist offen für Ideen und Anregungen „von außen".

Ihre Einflussmöglichkeiten zur Beibehaltung der Effizienz im Performing:

- Das Projekt und das -team nach außen repräsentieren
- Feedbackkultur vorleben und fördern
- Benchmarking mit anderen Projekten durchführen

- Erreichte (Zwischen-)Ergebnisse würdigen
- Projektabschluss gestalten
- Teammitglieder über das Projektende hinaus fördern

Förderung der Teamentwicklung

- Verhalten Sie sich als Projektleiter so, wie Sie sich früher Ihre Projektleiter gewünscht hätten.
- Akzeptieren Sie alle vier Phasen der Teamentwicklung und versuchen Sie nicht, eine Phase zu überspringen.
- Lassen Sie Konflikte und Meinungsverschiedenheiten zu und unterdrücken Sie diese nicht, denn sie sind wichtiger Bestandteil der Teamentwicklung.
- Seien Sie sensibel und nehmen Sie die Ängste und Anliegen Ihrer Teammitglieder ernst.
- Sprechen Sie schwierige Phasen offen an und suchen Sie gemeinsam mit Ihrem Team nach Lösungen.

5.4 Virtuelle Teams

WORUM GEHT ES?

Was sind „Virtuelle Teams"?

Unter einem „Virtuellen Team" versteht man eine Gruppe von Menschen, die größtenteils geografisch/räumlich verteilt sind und daher vorwiegend mit elektronischen Medien kommunizieren.

Ebenso wie herkömmliche Projektteams werden auch virtuelle Teams projektbezogen formiert und organisiert, verfolgen die Projektziele und werden nach deren Erreichen wieder aufgelöst. Allerdings haben virtuelle Teams kaum Möglichkeiten, an herkömmlichen Besprechungen teilzunehmen, sondern sind auf elektronische Medien wie E-Mail, Voice-Mail, Mobiltelefon, Videokonferenzen, Chat-Rooms, Podcasts, Web-Kamera etc. angewiesen, um ihre Projektkollegen zu sehen, zu hören und zu erleben. Dies stellt für alle Beteiligten eine große Herausforderung dar.

WAS BRINGT ES?

Aufgrund der Globalisierung stehen Projekte heute vor der Herausforderung, dass sie über zeitliche und räumliche Distanzen hinweg möglichst effizient und schnell geplant und umgesetzt werden müssen.

Vorteile von virtuellen Teams:

- Teamzusammensetzung orientiert sich nach Fähigkeiten, nicht nach Verfügbarkeit
- Hoher Grad an Selbstorganisation der Mitarbeiter
- Reduktion von Reisekosten
- Hohe Flexibilität (zeitlich, räumlich)
- Flexibler Einsatz von Mitarbeiter/-innen in verschiedenen Zeitzonen
- Größtmögliche Auswahl von Experten
- Optimierte Informationsversorgung

Herausforderungen bei virtuellen Teams:

- Geringere Identifikation mit dem Projektteam
- Unsicherheiten bzgl. Aufgaben, Rollen, Verantwortlichkeiten, Prioritäten
- Aufbau von Vertrauen schwierig
- Gefühl der Isolation

- Abhängigkeit von Kommunikations-/Informationstechnologie
- Schwierigkeit des Leistungsfeedbacks
- Schnelleres Entstehen von Missverständnissen und Konflikten

WIE GEHE ICH VOR?

Wichtig bei der Arbeit in virtuellen Teams ist, die bestmögliche Mischung der Kommunikationsformen (Face to face, elektronische Medien) und der optimalen Kommunikationshäufigkeit herauszufinden. Zumindest in der Anfangsphase des Projektes sollten sich die Projektmitarbeiter/-innen zu einem Kick-off-Meeting treffen, um bei diesem Face-to-face-Treffen das Kennenlernen der beteiligten Personen und einen persönlichen Kontakt zu ermöglichen. Dabei geht es einerseits um die Klärung des Projektauftrages und der damit verbundenen Aufgabenverteilung und andererseits um die Entwicklung des gemeinsamen Verständnisses der Form der Zusammenarbeit als Team.

Folgende Grundsätze sollten Sie für die Kommunikation in virtuellen Teams berücksichtigen:

- Die Teammitglieder im realen Kontakt auf die virtuelle Zusammenarbeit vorbereiten.
- Möglichst häufige und auch zeitlich fixierte Kommunikationsslots erleichtern die Kooperation.
- Unterschiedliche Kommunikationsmedien und -wege nutzen.
- Kommunikationsstandards und -rituale einführen und nutzen.

- Auch Zeit in persönliche, nicht-arbeitsbezogene Gespräche investieren und die Beziehungsebene pflegen, die in manchen Kulturkreisen eine sehr ausgeprägte Rolle spielt.
- Sicherstellen, dass alle Projektmitarbeiter „ein Gesicht" haben und nicht auf ihre Stimme oder ihren Schreibstil reduziert sind.
- Das Gesagte für einen Abgleich wiederholen bzw. zusammenfassen.
- Nachfragen, wenn etwas unklar ist, um Interpretationen oder Missverständnisse zu vermeiden.

Grundvoraussetzungen der virtuellen Führungskraft

Auch als Führungskraft in virtuellen Teams ist es nötig, fachliche und organisatorische Entscheidungen zu treffen, bei inhaltlichen, qualitativen und terminlichen Abweichungen steuernd zu intervenieren, bei fachlichen oder beziehungsmäßigen Konflikten zwischen Teammitgliedern zu moderieren, Absprachen mit dem Auftraggeber zu treffen und die Ergebnisqualität zu sichern.

Diese Verantwortung stellt hohe Anforderungen an die Führungskraft:

- Hohe Vertrauensbereitschaft bzw. niedriges Kontrollbedürfnis
- Partizipative Orientierung (Mitarbeiter beteiligen/einbeziehen)
- Sensibel sein, Bedürfnisse erkennen
- Technische und Medien-Kompetenz
- Klare Zielsetzungen und motivierende Vision
- Konstruktives Feedback geben – auch auf Distanz

- Offenheit und Toleranz gegenüber unterschiedlicher Kulturen

Erfolgsfaktoren virtueller Teams

- Erkennen und nutzen Sie die Vielfalt im Team.
- Investieren Sie Zeit, um Vertrauen aufzubauen und den Zusammenhalt zu stärken.
- Klären Sie die Rollen und Verantwortlichkeiten eindeutig.
- Verwenden Sie einfache aber wirkungsvolle Technologien/Medien.

5.5 Konfliktmanagement

WORUM GEHT ES?

Was ist ein Konflikt?

Ein Konflikt ist eine Situation, in der zwei oder mehr Parteien vehement versuchen, Ziele zu realisieren, die augenscheinlich miteinander nicht zu vereinbaren sind.

Konflikte können im Projektteam oder zwischen Projekt und Projektumfeld auftreten. Es kann sich um Sachkonflikte oder um Beziehungskonflikte handeln, bei denen zwischenmenschliche Themen im Vordergrund stehen. Es gibt offene und verdeckte Konflikte. Offene Konflikte sind für jeden spürbar und werden offen ausgetragen. Verdeckte Konflikte hingegen sind noch nicht offen ausgebrochen, Sie erkennen sie z. B. an einer gespannten Atmosphäre oder einer mangelhaften Weitergabe von Informationen.

WAS BRINGT ES?

Konflikte sind nicht nur negativ, sondern gehören zum Projektalltag. Sie sind notwendig, um unterschiedliche Ziele und Interessen der Projektbeteiligten zu erkennen und um entsprechende Maßnahmen ergreifen zu können. Unterdrückte Konflikte in Projekten sind leistungshemmend. Gehen Sie mit den Konflikten jedoch offen und konstruktiv um, dann können Sie diese nutzen, um die Qualität Ihres Projektes zu erhöhen. Ziel ist es, Konflikte frühzeitig zu erkennen und konstruktive Lösungsansätze zu finden, die zu Win-Win-Lösungen zum Vorteil für alle Beteiligten führen.

WIE GEHE ICH VOR?

Konflikte entstehen selten plötzlich und unvorhersehbar. Achten Sie deshalb auf die im Vorfeld auftretenden Signale, um Eskalationen zu verhindern und frühzeitig eine konstruktive Lösung zu finden. Folgende Signale und Verhaltensweisen deuten auf einen Konflikt hin:

- Fehlender Blickkontakt
- Lauter werden bzw. Schweigen
- Plötzliches Desinteresse an bestimmten Themen
- Resignation, innerer Rückzug, Dienst nach Vorschrift, höherer Krankenstand
- Emotionale Reaktionen (Wut, Depression)
- Wiederkehrende Streitereien, Aggressivität, Vorwürfe, Unfreundlichkeit, sarkastische, zynische oder unfreundliche Bemerkungen, Killerphrasen
- Destruktive Mitarbeit, Fehlinformationen oder keine Informationen geben
- Verletzen der aufgestellten Spielregeln

- Erhöhte Fehlerquote, schlechte Ergebnisse, Terminüberschreitungen
- Sich aus dem Weg gehen
- Cliquenbildung und Abgrenzung (Teams im Team)
- Mobbing

5.5.1 Konfliktstile

Haben Sie einen Konflikt rechtzeitig erkannt, dann gibt es mehrere Möglichkeiten, mit ihm umzugehen. Bild 5.4 zeigt die möglichen Konfliktstile, die sich wie in Tabelle 5.2 dargestellt charakterisieren lassen.

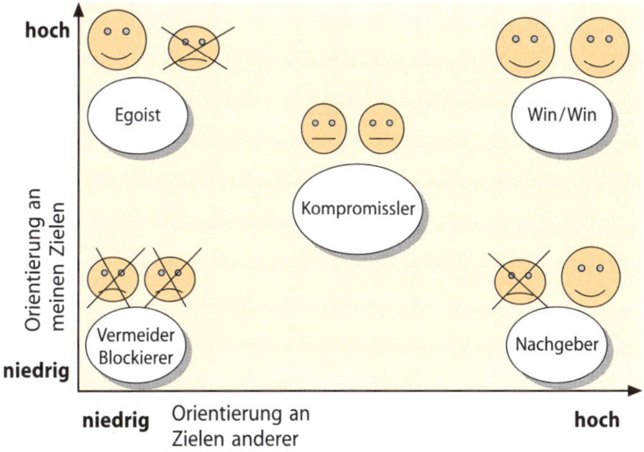

Bild 5.4 Konfliktstile

In verschiedenen Situationen können unterschiedliche Stile angemessen sein. Für welchen Stil Sie sich entscheiden, ist unter anderem auch davon abhängig, mit welcher Einstellung Sie auf Konflikte zugehen. Konfliktgespräche laufen häufig nach dem Muster „Gewinner/Verlierer“ ab. Eine der beiden Parteien setzt sich auf Kosten der anderen durch, der Konflikt ist jedoch nur scheinbar gelöst. Diese vordergründigen Siege und Niederlagen belasten die Beziehungen untereinander. Eine dauerhafte und auch für alle Beteiligten befriedigende Konfliktlösung wird immer eine kooperative, so genannte Win-Win-Lösung sein, bei der als Ziel eine gemeinsame Konfliktbewältigung angestrebt wird.

Tabelle 5.2 Konfliktstile

Nachgeber	Nachgeben, sich unterwerfen, auf eigene Ziele verzichten, Meinungsverschiedenheiten nicht hochspielen, Auseinandersetzungen aus dem Weg gehen.
Vermeider, Blockierer	Flucht, Vermeidung, Rückzug, nichts tun, Konflikte „unter den Teppich kehren“.
Egoist	Durchsetzen, Erzwingen, Drohung und Macht einsetzen.
Kompromissler	Kompromiss, jeder gibt einen Teil seiner Interessen auf.
Win/Win	Gemeinsames Problemlösen, kreative Zusammenarbeit, eine beiderseits optimale Lösung finden.

5.5.2 Konflikte bewältigen

Bei der Konfliktbewältigung hat sich das „Harvard-Konzept“, ursprünglich an der gleichnamigen Universität als Verhandlungskonzept entwickelt, bestens bewährt (Tabelle 5.3).

Mit Konflikten umgehen

- Unterdrücken Sie keine Konflikte in Ihrem Team, sondern sprechen Sie diese offen an, da diese sich nicht von alleine lösen.

- Sprechen Sie auch verdeckte Konflikte im Projektteam bei den Betroffenen offen an und bieten Sie Ihre Unterstützung bei der Konfliktbewältigung an.
- Fördern Sie eine offene und konstruktive Vertrauenskultur, in der jeder den Mut aufbringt, Probleme oder Konflikte anzusprechen.
- Ziehen Sie gegebenenfalls einen externen Moderator/Mediator hinzu, wenn Sie selbst betroffen sind oder der Projekterfolg gefährdet ist.
- Lassen Sie nur in Ausnahmefällen Konflikte im Team bis zur Managementebene eskalieren, denn dies könnte als Führungsschwäche oder Vertrauensbruch gewertet werden.

Tabelle 5.3 Harvard-Konzept

Schritt	Beschreibung
Konflikte erkennen	Auf Konfliktsignale achten. Unterscheiden Sie zwischen dem Konflikt einerseits und der Beziehung zwischen den Konfliktparteien andererseits.
Konflikte benennen und analysieren	Konzentrieren Sie sich nicht auf Positionen, sondern auf dahinter liegende Interessen.
Lösungsalternativen sammeln	Entwickeln Sie zuerst möglichst viele Optionen, bewerten und entscheiden Sie später.
Entscheidungen treffen	Lösen Sie Interessenkonflikte durch das Hinzuziehen objektiver Kriterien (Fakten, Experten etc.).
Aktionsplan erstellen	Entscheiden Sie sich für die Übereinkunft, die besser als Ihre beste Alternative dazu ist.

6 Projektplanung

Eine angemessene Projektplanung bietet Ihnen die Grundvoraussetzung für das Erreichen der Projektziele und damit den Projekterfolg. Neben den Projektanforderungen und Leistungsmerkmalen werden in die Projektplanung die Faktoren:

- Termine
- Ressourcen
- Kosten, Cashflow
- Risiken

einbezogen. In diesem Kapitel ist eine effiziente Vorgehensweise zur Projektplanung beschrieben.

Die Maxime der Projektplanung lautet:

Agieren statt Reagieren

6.1 Zeit-, Ressourcen-, Kosten- und Cashflow-Planung

WORUM GEHT ES?

Planung ist die gedankliche Vorwegnahme des zu realisierenden Vorhabens; d. h., in der Projektplanung wird der erwartete Projektverlauf „nachgestellt“. Im Gegensatz zur Improvisation ist die Planung ein zielorientierter methodisch-systematischer Problemlösungsprozess.

Planungsunterlagen

Halten Sie den Aufwand für die Unterlagenerstellung möglichst gering und greifen Sie auf bestehende Unterlagen aus ähnlichen Projekten zurück. Der Arbeitsschwerpunkt liegt vorwiegend im gedanklichen und nicht so sehr im formalen Bereich.

Bei der Planung sollten Sie entsprechende DV-Tools einsetzen. MS-Project ist heute weit verbreitet. Überschreitet die Projektplanung die Leistungsfähigkeit von MS-Project (je nach Komplexität, Verknüpfungen etc. ab ca. 300 bis 500 Vorgängen), sollten Sie ein leistungsfähigeres Planungstool (z. B. Primavera, CA-Superproject etc.) verwenden. Hier soll aber keine Empfehlung für ein bestimmtes Tool abgegeben werden, da alle Projektplanungstools Vor- und Nachteile haben und für bestimmte Projektarten mehr oder weniger geeignet sind. Verwenden Sie das in Ihrem Unternehmen oder Bereich etablierte bzw. das vom Kunden geforderte Tool.

Basis für die Projektplanung ist der Projektstrukturplan mit den für das Projekt relevanten Arbeitspaketen.

Planungszyklus

Beachten Sie, dass für die Projektplanung in der Regel mehrere Iterationen notwendig sind, beginnend mit der Grobplanung in der Definitionsphase bis zur Feinplanung vor bzw. zu Beginn der Realisierung des Projektes (Bild 6.1).

WAS BRINGT ES?

Die nachfolgend beschriebene Vorgehensweise führt zu einer realistischen, rationalen und objektiven Planung des Projektablaufs. Mit der Erstellung des Netzplans und dem systematischen Durchdenken der Projektzusammenhänge und Einflussgrößen Zeit, Ressourcen und Kosten ermitteln Sie die logische und zeitliche Abfolge des Projektes unter Berücksichtigung der verfügbaren Ressourcen und stellen durch deren kontinuierliche Optimierung sicher, dass Sie Ihre Projektziele erreichen können.

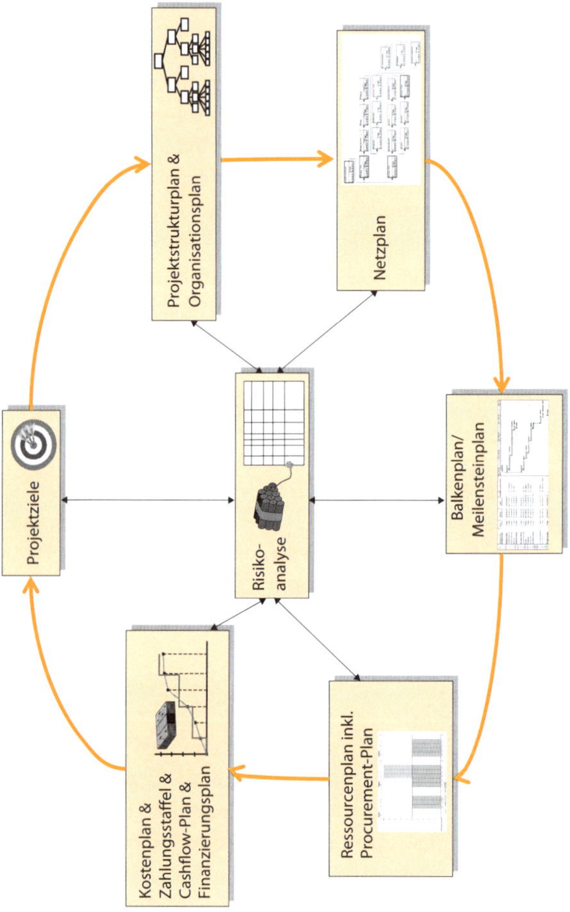

Bild 6.1 Planungszyklus

Sie erkennen Zeitreserven und kritische Abfolgen, stellen den Ressourcenbedarf über die Projektlaufzeit fest, ermitteln eventuelle Ressourcenkonflikte im Projektverlauf und leiten ab, wann Sie welche Güter oder Dienstleistungen einkaufen sollten. Sie ermitteln die voraussichtlichen Projektkosten und den zu erwartenden Kostenverlauf. Durch die Gegenüberstellung der Kosten mit den Zahlungseingängen durch den Auftraggeber bekommen Sie einen Überblick über den voraussichtlichen Cashflow Ihres Projektes und können daraus den entsprechenden Finanzierungsbedarf ableiten. Damit schaffen Sie eine adäquate Basis für die spätere Überwachung und Steuerung Ihres Projektes.

WIE GEHE ICH VOR?

6.1.1 Netzplantechnik

In den letzten Jahren hat sich der Einsatz der Netzplantechnik durchgesetzt. Der Netzplan, im Projektplanungstool die Ansicht PERT, basiert auf einem Vorgangsknotennetz. Die logischen Verbindungen der Anordnungen werden durch Pfeile dargestellt. In den Knoten (Arbeitspaketen; Bild 6.2) finden Sie die Start- und Endtermine, die Puffer sowie Informationen zu Dauer, Kosten und Ressourcen. Der Netzplan (Bild 6.3 bis Bild 6.5) ist der Kern aller weiteren Planungen. Aus ihm leiten Sie ohne zusätzliche Eingaben Termin-, Ressourcen- und Kostenpläne direkt ab.

Erstellung des Netzplans

- Legen Sie den Projektkalender an und tragen Sie die arbeitsfreie Zeit (Wochenenden, Feiertage und sonstige arbeitsfreie Tage) ein.

FAZ 7.12.	Vorgangsbeschreibung Programmierung	FEZ 11.12.
Freier Puffer (FP) 0	Dauer 5	Gesamtpuffer (GP) 5
SAZ 14.12.	Ressourcen 2 Mitarbeiter, 2 Workstations	SEZ 18.12.
Arbeitspaket-Nr. 4711	Verantwortlicher/Bearbeiter Horst Harrant	Kosten 5.000,- €

Bild 6.2 Arbeitspaket

- Bringen Sie die Arbeitspakete (Vorgänge) des Strukturplans in eine logische Abfolge und erstellen Sie den Netzplan mit Anordnungsbeziehungen.
- Legen Sie den frühesten Anfangszeitpunkt des ersten und den spätesten Endzeitpunkt des letzten Arbeitspaketes fest (verfügbarer Zeitrahmen).
- Vorwärtsrechnung durchführen: Ermitteln Sie, ausgehend vom frühestmöglichen Starttermin des ersten Arbeitspaketes, die frühestmöglichen Anfangszeitpunkte (FAZ) und Endzeitpunkte (FEZ) der Vorgänge. Beim Zusammentreffen mehrerer Pfeile auf einen Nachfolger ist für den frühestmöglichen Starttermin des Nachfolgers der späteste frühestmögliche Endtermin der entsprechenden Vorgänger zur Berechnung heranzuziehen.
- Rückwärtsrechnung durchführen: Ermitteln Sie, ausgehend vom spätestmöglichen Endtermin des letzten Arbeitspaketes, die spätestmöglichen Endzeitpunkte (SEZ) und Anfangszeitpunkte (SAZ) der Vorgänge. Beim rückwärtigen Zusammentreffen mehrerer Pfeile auf einen Vorgänger ist für den

spätestmöglichen Endtermin des Vorgängers der früheste spätestmögliche Starttermin der jeweiligen Nachfolger zur Berechnung heranzuziehen.

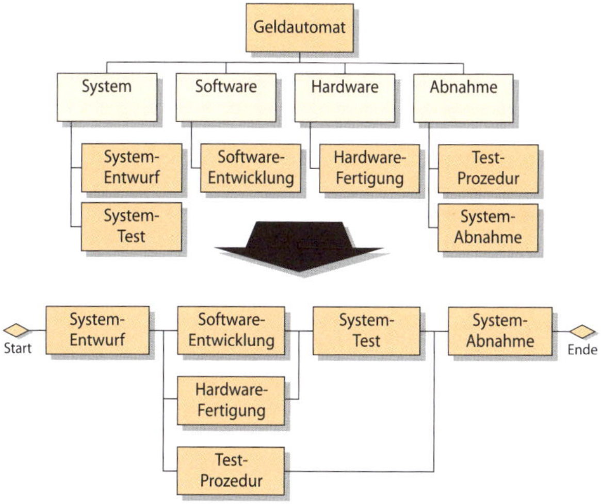

Bild 6.3 Vom Strukturplan zum Netzplan

- Ermitteln Sie die Gesamtpufferzeiten (GP) und tragen Sie diese in die Vorgänge ein. Der Gesamtpuffer ist die Differenz zwischen SEZ und FEZ des jeweiligen Arbeitspaketes. Unmittelbar aufeinander folgende Vorgänge ohne Verzweigung müssen gleiche Gesamtpufferzeiten aufweisen, sonst ist die Rechnung fehlerhaft.
- Ermitteln Sie die freien Pufferzeiten (FP) und tragen Sie diese in die Vorgänge ein. Der freie Puffer ist die Differenz zwischen dem FAZ des Nachfolgearbeitspaketes und dem FEZ des betrachteten Arbeitspaketes.

- Ermitteln und kennzeichnen Sie den kritischen Pfad: Weg, dessen Vorgänge den geringsten Gesamtpuffer aufweisen.

Netzplanerstellung

Die Arbeitsschritte „Vorwärts-/Rückwärtsrechnung“ und „Berechnung der Pufferzeiten“ sollen nur zur Verdeutlichung der Erstellung des Netzplans dienen, da diese vom Projektplanungstool automatisch durchgeführt werden.

Die Zeitdauer der einzelnen Vorgänge sollte zehn Tage nicht überschreiten, da sonst kein angemessenes Controlling mehr möglich ist. Zusätzlich sollte der kritische Pfad einen angemessenen Gesamtpuffer (anzustrebender Wert ist 20% der Projektlaufzeit) aufweisen. Projektplanungen ohne Puffer sind unrealistisch und ausgesprochen gefährlich, da erfahrungsgemäß kein Projekt ohne Änderungen und Mehraufwand abläuft.

Legen Sie bei der Netzplanerstellung realistische Zeitdauern für die einzelnen Arbeitspakete zugrunde. Lassen Sie sich nicht von einem vorgegebenen Zeitraum limitieren. Verstecken Sie auch keinen Puffer in den Zeitdauern der einzelnen Arbeitspakete, sondern weisen Sie Puffer offen aus und kommunizieren Sie die ermittelten Termine offen im Team.

Wird ein vorgegebener Zeitrahmen mit der realistischen Planung nicht erreicht, dann sind im zweiten Schritt erforderliche und mögliche Optimierungen in der Planung vorzunehmen, z. B.:

- den logischen Ablauf von Arbeitspaketen/Vorgängen ändern (Vorgänge teilen [„splitten“] oder parallelisieren),
- Ressourcenzuordnung zu einzelnen Arbeitspaketen ändern,
- Ressourcen erhöhen,

- Mehrarbeit, wenn unvermeidlich (Achtung! Überstunden sind bei der Kostenplanung zu berücksichtigen!).

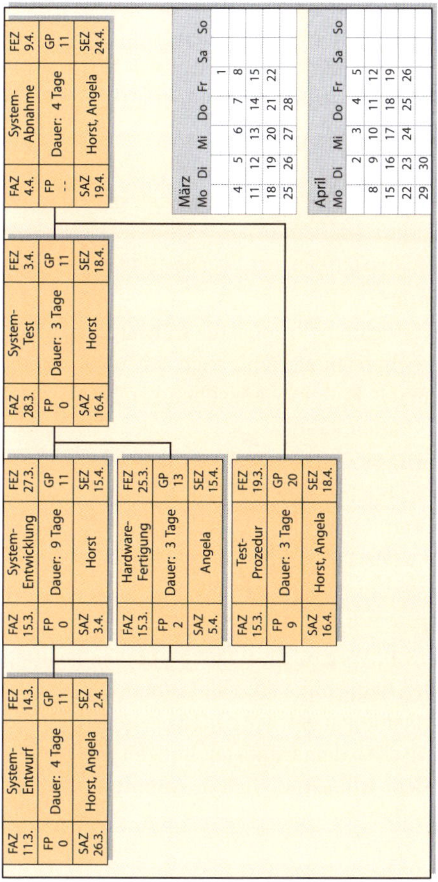

Bild 6.4 Beispiel eines Netzplans

6.1.2 Wesentliche Begriffe der Netzplantechnik

- **Projektkalender:**
  Alle Zeitangaben des Netzplans werden für die Verwirklichung des Projekts auf einen realen Kalender umgerechnet. Es wird dabei nach Projektkalender, für alle Ressourcen gültig, und Ressourcenkalender, nur für die spezifizierte Ressource, unterschieden.
- **Dauer:**
  Zeitraum (z. B. Stunden, Tage, Wochen), den ein Vorgang unter Berücksichtigung der dafür zur Verfügung stehenden bzw. angedachten Ressourcen zur Bearbeitung benötigt.
- **Vorwärtsrechnung:**
  Durch die Vorwärtsrechnung werden die frühesten Anfangs- und Endzeitpunkte berechnet, somit auch der früheste Endzeitpunkt, zu dem das Projekt – ausgehend von einem festen Starttermin – enden kann.
- **Rückwärtsrechnung:**
  Durch die Rückwärtsrechnung werden die spätestmöglichen Start- und Endzeitpunkte ermittelt, somit auch der späteste Anfangszeitpunkt des Projektes – ausgehend von einem vorgegebenen festen Endtermin.
- **FP = Freier Puffer:**
  Zeitraum, um den ein Vorgang in seiner zeitlichen Position verschoben werden kann, ohne dass die Anfangszeitpunkte der unmittelbar nachfolgenden Vorgänge be- einflusst werden (Differenz zwischen dem frühesten Endzeitpunkt eines Vorganges und dem frühestmöglichen Anfangszeitpunkt seines Nachfolgers).

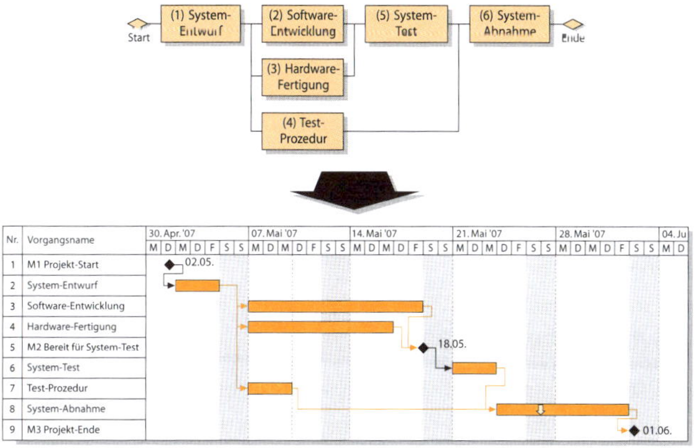

Bild 6.5 Vom Netzplan zum Balkenplan

- **GP = Gesamtpuffer:**
  Zeitraum, um den ein Vorgang in seiner zeitlichen Position verschoben werden kann, ohne den spätesten Endtermin des gesamten Projektes zu gefährden (Differenz zwischen frühestem und spätestem Endzeitpunkt eines Vorganges).
- **Kritischer Pfad:**
  Der Pfad im Projekt, auf dem der gesamte Puffer (GP) am geringsten ist.
- **Meilenstein:**
  Definiertes Ereignis/Ergebnis zu einem vorgegebenen Zeitpunkt.
- **Ressourcen:**
  Ressourcen, um Aufgaben zu realisieren, sind Personal, Material, Werkzeuge und Maschinen.

6.1.3 Terminplanung

Der Terminplan (GANTT-Diagramm oder Balkenplan) wird aus dem Netzplan abgeleitet und stellt die Arbeitspakete auf einer Zeitachse dar. Im Gegensatz zur Netzplanansicht, in der die logischen Zusammenhänge verdeutlicht sind, liegt hier der Schwerpunkt auf dem zeitlichen Ablauf.

Der Termin- wie auch der Ressourcen- und Kostenplan sind im Projektplanungstool lediglich andere Ansichten des Netzplans.

6.1.4 Ressourcenplanung

Weisen Sie den Arbeitspaketen entsprechend der Aufgabe die Ressourcen zu (Bild 6.6). Nehmen Sie in der Grobplanung die „Projektrollen bzw. Qualifikationen" auf und ersetzen Sie diese in der Feinplanung durch die Namen der entsprechenden Projektmitarbeiter. Verplanen Sie maximal 80 % der Regelarbeitszeit Ihrer Mitarbeiter, die restliche Zeit wird in der Regel für Urlaub, Feiertage, Weiterbildung, Krankheit etc. benötigt.

Im Rahmen des Projektes entstehen auch Arbeitszeiten, die Sie nicht direkt einem Arbeitspaket zuordnen können. Diese Arbeitszeiten sind z. B. regelmäßige Projektbesprechungen. Berücksichtigen Sie je nach Beteiligung an Projektkoordinationsaufgaben einen Zuschlag von ca. 5 %.

Mitarbeiter, die nicht ausschließlich für Ihr Projekt arbeiten, werden bei der Ressourcenplanung nur anteilig berücksichtigt. Generell müssen Sie die Ressourcenplanung bereits bei der Grobplanung des Projektes mit den entsprechenden Linienvorgesetzten bzw. den anderen beteiligten Projektleitern abstimmen.

Berücksichtigen Sie soweit möglich bei der Ressourcenplanung auch Einarbeitungszeiten sowie unterschiedliche Qualifikationen und Erfahrungen der Teammitglieder.

Aus dem Ressourcenplan erkennen Sie die Auslastung eines Mitarbeiters mit Ressourcenkonflikten (Überlastung) und freien Kapazitäten.

Neben den Personalressourcen ist es auch von höchster Bedeutung, den Einkauf von Material (inkl. externen Dienstleistungen) sorgfältig zu planen, da dies meist mit erheblichen Kosten verbunden ist und daher maßgeblichen Einfluss auf den Cashflow (positiver Zahlungsmittelüberschuss) Ihres Projektes hat. Deshalb entfällt auf den Procurement-Plan eine immer höhere Bedeutung im Projekt.

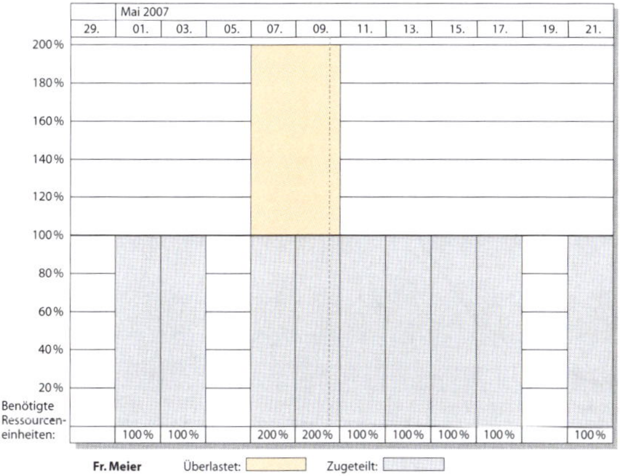

Bild 6.6 Ressourcenplan für Personaleinsatz

6.1.5 Kosten-/Cashflow-Planung

Den Kostenplan können Sie aus den in den Arbeitspaketen hinterlegten Kosten generieren. Er zeigt den geplanten Kostenverlauf im Projekt je betrachteter Periode (typischerweise je Monat).

Die Kosten der Arbeitspakete errechnen sich aus:

- Personalkosten (Dauer x Mitarbeiter)
- Materialkosten (Zukäufe, Anlagen etc.)
- Fremdleistungskosten
- Infrastrukturkosten (Testsysteme, Tools etc.)
- Projektnebenkosten (Ausstattung Büroarbeitsplätze für zusätzliches Personal, Raummiete, Telefonkosten etc.)
- Reisekosten
- Sonstiges

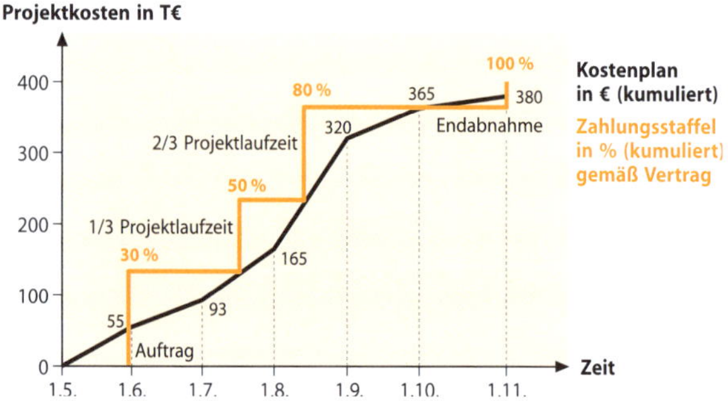

Bild 6.7 Kostenplan mit Zahlungszielen

Mit dem Kostenplan haben Sie die Basis für die Projektkalkulation zur Angebotsabgabe sowie für das Kostencontrolling. Um aus dem Kostenverlaufsplan ableiten zu können, ob und wann Sie Ihr Projekt finanzieren müssen, ergänzen Sie als zusätzliche Information den mit dem Kunden vereinbarten Zahlungsplan. Durch diese Gegenüberstellung können Sie auf einen Blick erkennen, ob Sie zu jedem Zeitpunkt des Projektverlaufes mehr Geld eingenommen als ausgegeben haben (Bild 6.7). Durch geschickte Optimierung der Planung, z. B. bei Einkäufen (Procurement-Plan) oder durch geschickte Verhandlung mit dem Kunden bezüglich seiner Zahlungen können Sie dann den Finanzierungsbedarf Ihres Projektes und damit evtl. anfallende Zinszahlungen auf ein Minimum begrenzen und somit das Projektergebnis verbessern.

Effiziente Projektplanung

- Ordnen Sie den Arbeitspaketen Zeitdauern zu, **bevor** Sie diese in den Netzplan überführen. So stellen Sie eine realistische Zeitplanung sicher.
- Ziehen Sie Erfahrungsträger bei der Schätzung von Zeitdauern zurate.
- Lassen Sie sich durch vorgegebene Termine nicht von einer realistischen Projektplanung abhalten. Optimieren Sie Ihre Projektplanung auf Basis eines machbaren Projektplans.
- Weisen Sie Puffer explizit aus und kommunizieren Sie diese im Team. Verstecken Sie keine Puffer in den Zeitdauern der Arbeitspakete.
- Versuchen Sie, durch geschickte Optimierung der Planung einen ausreichenden Gesamtpuffer sowie einen möglichst positiven Cashflow zu schaffen.
- Weisen Sie auf die Gefahren eines zu geringen Gesamtpuffers hin und lassen Sie sich dies ggf. schriftlich bestätigen.
- Planen Sie „Verschnaufpausen“ in den Projektverlauf ein, z. B. nach Erreichen eines Meilensteines.
- Nutzen Sie den Procurement-Plan zur Optimierung Ihres Cashflows.

6.2 Risiko- und Chancenmanagement

WORUM GEHT ES?

Der Begriff „Risiko“ bedeutet im Projekt:
Möglicher Eintritt unerwarteter oder erwarteter Ereignisse, die sich negativ auf die Projektziele auswirken.

Es ist von immer größerer Bedeutung, sich beim „Risikomanagement im Projekt“ nicht nur darauf zu konzentrieren, was in einem Projekt alles schiefgehen kann, sondern auch bewusst darüber nachzudenken, welche „Chancen“ es gibt, die sich positiv auf das Projektergebnis auswirken könnten.

Je komplexer und innovativer ein Projekt ist, je länger es dauert und je größer der Liefer- und Leistungsumfang ist, desto risikobehafteter ist das Projekt. Um Risiken in einem Projekt zu reduzieren oder nach Möglichkeit sogar vermeiden zu können, müssen sämtliche Risiken:

- frühzeitig erkannt,
- einzeln bewertet und
- gegebenenfalls abgesichert werden.

Etwa 80 bis 90 % der Risikoursachen liegen in der Angebotsphase bzw. Definitionsphase eines Projekts. Die Auswirkungen (meist Schäden) treten überwiegend jedoch erst zum Ende der Realisierungs- und Einführungsphase verstärkt auf.

Voraussetzung für die Risikoanalyse: Die Projektziele und Projektanforderungen sollten vorliegen. Hilfreich ist eine Projektstruktur mit den bis dahin definierten Arbeitspaketen.

Im Rahmen der Risikoanalyse werden gleichzeitig auch Chancen identifiziert und bewertet.

WAS BRINGT ES?

Risiken und Chancen zu managen ist eine der anspruchsvollsten Projektaufgaben. Die Anzahl der durch mangelhaftes Risikomanagement gescheiterten Projekte ist sehr hoch, nicht beachtete oder unterschätzte Risiken sowie nicht realisierte Chancen haben einen erheblichen Einfluss auf das Projektergebnis.

Risikomanagement bedeutet, potenzielle Probleme und Chancen frühzeitig zu erkennen und zu analysieren, entsprechende Maßnahmen zu planen und einzuleiten sowie Risiken und Chancen während des gesamten Projektverlaufes zu kontrollieren.

Durch ein gestärktes Risikobewusstsein bei den Projektmitarbeitern werden Schäden und Auswirkungen durch Einleiten von adäquaten Maßnahmen vermieden oder zumindest vermindert. Dies verleiht Ihnen zusätzliche Sicherheit bei der Leitung Ihres Projektes.

WIE GEHE ICH VOR?

Führen Sie eine profunde Risiko- und Chancenanalyse anhand folgender Einschätzungsparameter unbedingt zu Projektbeginn durch:

- Eintrittswahrscheinlichkeit
- Auswirkungen auf die Projektziele

Beachten Sie auch während des gesamten Projektablaufes veränderte oder mögliche neue Risiken und Chancen, die sich aus Änderungen im Projektverlauf oder durch neue und/oder geänderte Arbeitspakete oder Kundenanforderungen ergeben können.

Die erforderlichen Schritte für eine Risikoanalyse sind:

- Risiken identifizieren
- Risiken bewerten (Eintrittswahrscheinlichkeit, potenzieller Schaden)
- Potenzielle Ursachen ermitteln
- Maßnahmen ermitteln (um Risiken zu vermeiden, zu vermindern bzw. zu transferieren)

Eine gute Basis für die Risikoanalyse ist Ihr Projektstrukturplan. Ermitteln und analysieren Sie neben den globalen Risiken auch die Risiken der einzelnen Arbeitspakete. Auch der Vertrag mit dem Kunden bietet eine gute Basis, um Risiken zu identifizieren.

6.2.1 Typische Projektrisiken

Wenn Ihnen Risiken bekannt sind und Sie diese von vornherein in Ihren Planungen berücksichtigen, dann können Sie den Risiken gegensteuern und die notwendigen Maßnahmen einplanen, einleiten und durchführen, um Schäden für Ihr Projekt zu vermeiden oder zumindest zu minimieren.

Da es eine Vielzahl von unterschiedlichen Risiken gibt (z. B. organisatorische Risiken, Terminrisiken, Planungsrisiken, Ressourcenrisiken, Verzugsrisiken, Vertragsrisiken, Transportrisiken, technische Risiken ...), ist es hilfreich, wenn Sie auf eine Checkliste zurückgreifen können, in der ein Überblick über die typischen und häufig vorkommenden Risiken dargestellt ist. Dadurch stellen Sie sicher, dass Sie keine wesentlichen Risiken in Ihrem Projekt übersehen.

Da jedes Projekt jedoch einzigartig ist und eine Checkliste nur einen Standard abbilden kann, ist es unbedingt ratsam, zusätzlich zur Checkliste noch ein Brainstorming mit den Teammitgliedern durchzuführen oder Experten zu befragen.

Auch die Einbindung des Kunden und der Lieferanten kann hilfreich sein.

6.2.2 Vorgehen zur Risikoanalyse

- Listen Sie im ersten Schritt alle erkannten Risiken und Chancen auf. (Die identifizierten Chancen sammeln Sie bitte in einer separaten Liste oder kennzeichnen sie, sodass Sie eine transparente und korrekte Übersicht über alle Risiken und alle Chancen geben können.) Stellen Sie sicher, dass die Formulierungen eindeutig und Missverständnisse oder Fehlinterpretationen ausgeschlossen sind.
- Bewerten Sie die Risiken nach Eintrittswahrscheinlichkeit und Tragweite für das Projekt und lokalisieren Sie die Ursachen.
- Priorisieren Sie die Risiken und legen Sie die Verantwortlichen für die wesentlichen Risiken fest.
- Erarbeiten Sie gemeinsam mit Ihrem Projektteam mögliche Maßnahmen zur Risikovermeidung/-verminderung, zur Risikotransferierung bzw. zur Schadensbegrenzung. Ermitteln Sie aus diesen Maßnahmen die wirksamsten durch das Kalkulieren der Kosten der Maßnahmen sowie der verbleibenden Restrisiken. Entscheiden Sie, welche Maßnahmen Sie umsetzen wollen, bzw. erarbeiten Sie eine Entscheidungsvorlage für Ihr Management. Planen Sie die Umsetzung der beschlossenen Maßnahmen (Was? Wer? Bis wann? Wie?). Beachten Sie dabei, dass getroffene Maßnahmen neue Arbeitspakete im Projektstrukturplan und/oder eine Änderung im logischen Projektablauf zur Folge haben können. Passen Sie dementsprechend den Strukturplan und alle weiteren betroffenen Pläne an.

- Führen Sie die entsprechenden Maßnahmen durch und überwachen Sie deren Wirksamkeit. Sollten Sie beim Risikocontrolling feststellen, dass eine Maßnahme nicht oder ungenügend greift, so steuern Sie entsprechend nach, bis sich die Risiken auf ein für Sie akzeptables Maß verringert haben oder eliminiert sind.

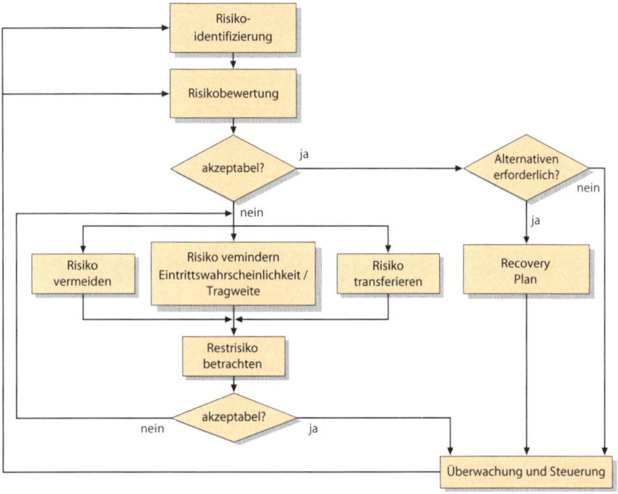

Bild 6.8 Risikomanagement-Flowchart

6.2.3 Maßnahmen zur Risikovermeidung und Schadensbegrenzung

Typische Maßnahmen zur Vermeidung bzw. Verminderung von den aus Risiken resultierenden Schäden sind:

- Versicherungen
- Etabliertes Claim- und Change-Order-Management

- Vertragsbedingungen (Höhere-Gewalt-Paragraph, Gewährleistung, Ausschluss von Folgeschäden, Haftungsausschluss, Abwicklung von Change Requests etc.)
- Wirtschaftsauskünfte (Kunde, Unterauftragnehmer) einholen
- Bankbürgschaften
- Wechselkursabsicherung (bei Auslandsaufträgen)
- Exportkontrollen
- Vertragsregelungen an Unterauftragnehmer weitergeben
- Unterauftragnehmer-Audits
- Qualitätssicherungsmaßnahmen
- Projektanforderungen spezifizieren
- Ersatz für Mitarbeiter/Unterauftragnehmer vorsehen
- Pufferzeiten in der Projektplanung vorsehen
- Qualifizierung von Mitarbeitern
- Machbarkeitsstudien
- Alternative Lösungswege

Sie werden nicht in jedem Fall alle Risiken ausschließen können oder geeignete Maßnahmen zur Schadensvermeidung finden. Dann muss die Entscheidung fallen, diese Restrisiken zu tragen oder in Ausnahmefällen ein Projekt abzulehnen. Dies ist eine wesentliche Aufgabe des Risikomanagements.

Risiken erfassen und managen

- Führen Sie die Risikoanalyse als „Brainstorming“ mit dem Projektteam durch, listen Sie alle Risiken auf und bewerten Sie diese erst im nächsten Schritt.
- Ziehen Sie ggf. Spezialisten oder Beteiligte aus ähnlichen Projekten hinzu.
- Seien Sie offen für alle „Bedenken“ bzw. Risiken, auch wenn diese auf den ersten Blick extrem unwahrscheinlich erscheinen mögen.
- Unterschätzen Sie die Auswirkungen von Imageverlust oder Kundenunzufriedenheit nicht.
- Konzentrieren Sie sich beim weiteren Risikomanagement auf die **wesentlichen** Risiken im Projekt.
- Halten Sie die Ergebnisse Ihrer Risikoanalysen und Maßnahmen schriftlich fest und stellen Sie diese für nachfolgende Projekte zur Verfügung.
- Denken Sie bei Ihren Risikoanalysen auch an die Chancen, die in Ihrem Projekt verborgen sind, und nutzen Sie sie als Mittel zur Verbesserung Ihres Projektergebnisses und zum Selbstmarketing.

7 Projektrealisierung

Während der Realisierung und Durchführung Ihres Projektes dienen Ihnen die bis dato erstellten Projektpläne als wichtiges Instrument zur Überwachung und Steuerung. Wie Sie diese Pläne effizient nutzen, wie Sie Projektbesprechungen effizient gestalten und Ihr Berichtswesen optimieren, ist in diesem Kapitel detailliert beschrieben.

7.1 Projektcontrolling

WORUM GEHT ES?

Die Überwachung und Steuerung der Projekte ist Ihre umfangreichste Aufgabe als Projektleiter. Projektcontrolling beginnt mit dem Abschluss der Planungsphase (Feinplanung), d. h. zu Beginn der Realisierung, und endet erst mit dem Abschluss des Projektes, in der Regel mit der Projektabnahme.

Im Rahmen des Projektcontrollings nutzen Sie die sich aus den Projektplänen ergebenden Daten wie Termine, Kosten, Ressourcen und Risiken für die kontinuierliche Überwachung und Steuerung Ihres Projektes, indem Sie regelmäßig, z. B. monatlich einen Vergleich der Plandaten mit den aktuellen Daten vornehmen und bei Bedarf Maßnahmen zur Korrektur initiieren und durchführen.

Voraussetzung für ein wirksames Projektcontrolling ist eine adäquate Planungs-Datenbasis bestehend aus:

- Projektzielen und Anforderungen,
- Projektstrukturplan,
- Netz-, Balken-, Kosten- und Ressourcenplan und
- Risikoanalyse.

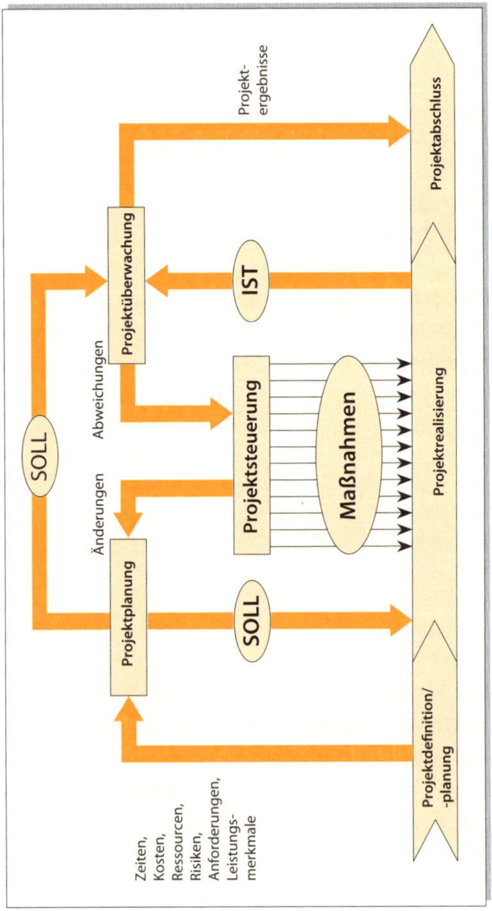

Bild 7.1 Controlling-Kreislauf

WAS BRINGT ES?

Projektcontrolling ist Ihr wichtigstes Instrument, um jederzeit einen aktuellen Überblick über den Status Ihres Projektes zu haben. Sie erkennen frühzeitig Abweichungen sowie positive und negative „Trends" im Projekt bezüglich Kosten und Terminen. Dadurch haben Sie die Möglichkeit, rechtzeitig Maßnahmen einzuleiten, um Problemen im Projekt entgegenzusteuern (Bild 7.1).

WIE GEHE ICH VOR?

Bei den Projektmanagement-Aktivitäten handelt es sich in der Regel nicht um lineare Prozesse. Ihre Aufgaben und Tätigkeiten sind in einen Kreislauf eingebunden, den sie erst mit dem Zeitpunkt des Projektendes verlassen. Dieser Regelkreis im Projektmanagement hat die Funktion eines Frühwarnsystems. Das Ziel zu agieren statt zu reagieren kommt näher, je öfter Sie einen Soll/Ist-Vergleich durchführen. Damit steigt auch die Wahrscheinlichkeit, dass Sie Abweichungen vom Plan frühzeitig erkennen und durch korrigierende Maßnahmen beherrschen.

Gehen Sie im Controlling wie folgt vor:

- **Ermitteln der Planwerte**
  Ermitteln Sie anhand des Mengengerüstes im Rahmen der Projektplanung dic Planwerte (Ziele/Anforderungen, Termine, Kosten, Ressourcen, Risiken etc.) und legen Sie diese in der Planungsdatenbasis fest. Diese bilden dann als „SOLL"-Werte die Basis für die Projektrealisierung.
- **Projektüberwachung**
  Vergleichen Sie in regelmäßigen Zeiträumen im Rahmen der Projektüberwachung die aktuellen „IST"-Werte mit den

„SOLL"-Vorgaben. Das bedeutet, die einzelnen Arbeitspakete werden bezüglich ihrer Fertigstellung bzw. ihres Arbeitsfortschrittes überprüft, die angefallenen Kosten werden mit den geplanten Kosten verglichen, die Ressourcenzuordnung und die Einhaltung der geplanten Termine werden überprüft und die ermittelten Risiken werden hinsichtlich Eintrittswahrscheinlichkeit, Tragweite bzw. Erledigung untersucht.

Elemente im Projektcontrolling

- Termine/Arbeitsfortschritt, Fertigstellungsgrad,
- Kosten,
- Ressourcen,
- Risiken/Chancen,
- Claims/Change Requests,
- Zahlungseingänge/Forderungen,
- Qualitätsmerkmale,
- Leistungsmerkmale (Projektanforderungen),
- Bestände (Assets),
- Kundenzufriedenheit.

- **Projektsteuerung**
  Definieren Sie bei Abweichungen zwischen den Soll-Werten und den aktuellen Ist-Werten im Rahmen der Projektsteuerung entsprechende Maßnahmen. Dies können zusätzliche Ressourcen, Änderungen im Projektablauf, Präventivmaßnahmen zur Vermeidung von Risiken etc. sein. Diese Maßnahmen fließen dann als geänderte oder zusätzliche Parameter in die weitere Realisierung mit ein.
  Arbeiten Sie sowohl die Änderungen und Abweichungen als auch die getroffenen Maßnahmen in Ihre Projektpläne ein.

Update der Projektpläne

Stellen Sie sicher, dass die Projektpläne jederzeit dem neuesten Stand des Projektes entsprechen und dass ausschließlich mit den aktuellen Plänen gearbeitet wird.

Wiederholen Sie die einzelnen Schritte nun in regelmäßigen, zu den bei Projektbeginn festgelegten Zeiträumen. Die Ergebnisse der Überwachungs- und Steuerungsaktivitäten bilden die Basis für die Berichterstattung im Projekt.

7.1.1 Termincontrolling

Nutzen Sie den Balkenplan als Instrument für das Termincontrolling. Die schmalen dunklen Balken zeigen dabei den aktuellen Fertigungsgrad der einzelnen Arbeitspakete an (siehe Bild 7.2).

Die Meilenstein-Trendanalyse (MTA) ist eine Überwachungsmethode, die Sie mit geringem Zeitaufwand durchführen können. Die Ergebnisse werden grafisch übersichtlich und aussagefähig dargestellt, das Wesentliche ist auf einen Blick erkennbar (Bild 7.3). Die MTA unterstützt Sie im frühzeitigen Erkennen von potenziellen Terminverzügen, bevor ein tatsächlicher Verzug eintritt.

Nutzen Sie dazu die in der Planung definierten Meilensteine.

Die senkrechte Achse wird als Planungsachse, die waagerechte Achse als Berichtsachse bezeichnet. Übernehmen Sie bei Projektstart die definierten Meilensteine auf der Planungsachse. Überprüfen Sie zu festgelegten periodischen Berichtszeitpunkten (z. B. wöchentlich oder monatlich), ob die gesetzten Meilensteintermine gehalten werden können. Wenn nötig, tragen Sie Veränderungen ein. Dies geschieht auf Basis der

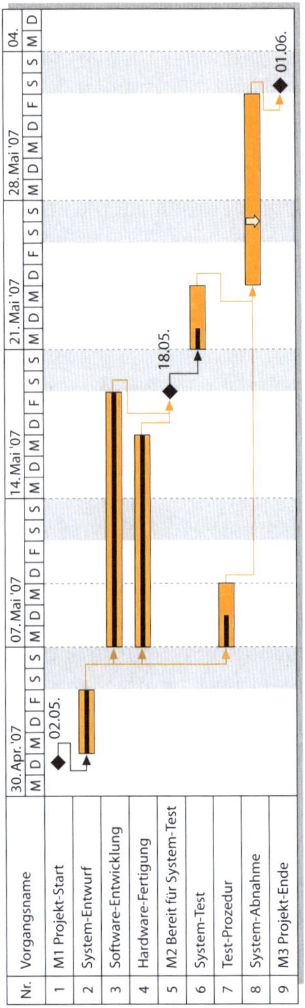

Bild 7.2 Termincontrolling

bis zu diesen Meilensteinen abzuarbeitenden Arbeitspakete. Sie vergleichen also zum jeweiligen Berichtszeitpunkt die Soll-Termine mit den Ist-Terminen. Aus den eventuellen Abweichungen können Sie dann Trends für die einzelnen Meilensteine ablesen. Die Verbindungen der Meilensteinpunkte geben Auskunft über den Trend des Termins.

Waagerechte Linie:	Der Termin wird gehalten
Steigende Linie:	Terminverzug
Fallende Linie:	Terminvorlauf

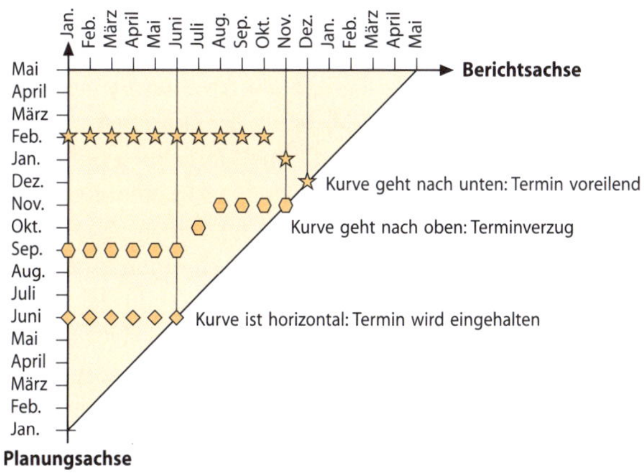

Bild 7.3 Meilenstein-Trendanalyser

Terminverzug verhindern

Ergreifen Sie bei tendenziell erkennbarem Verzug sofort Gegenmaßnahmen, um einen tatsächlichen Verzug zu vermeiden bzw. zu minimieren.

7.1.2 Kostencontrolling

Aus der Projektplanungsphase resultiert eine Kostenplanung mit den (z. B.) monatlich vorhergesagten Projektkosten. Im Kostencontrolling stellen Sie diesen geplanten Kosten zu den regelmäßigen Controllingzeitpunkten die korrespondierenden Ist-Werte gegenüber. Im monatlichen Projektstatusbericht weisen Sie die Plan- und Ist-Werte sowie eventuelle Abweichungen aus.

Eine entsprechende Grafik ist in dem Projektstatusbericht enthalten (siehe Bild 7.6).

7.1.3 Earned-Value-Analyse

Die Earned-Value-Analyse (EVA), auch Arbeitswertmethode genannt, ist ein Verfahren zur Messung der aktuellen Projektleistung gegenüber dem geplanten Projektfortschritt (Bild 7.4).

Die Resultate der EVA kennzeichnen die Abweichungen des Projektes von der festgelegten Planungsgrundlage. Viele Projektleiter messen die Projektleistung durch einen einfachen Vergleich der Soll- und Istwerte und berücksichtigen dabei nicht den realen Projektfortschritt anhand objektiver Zahlen und Kriterien. Die EVA integriert sowohl Kosten und Termine als auch die abgearbeiteten Arbeitspakete und ist ein gutes Instrument für die Vorhersage der zu erwartenden Fertigstellungstermine und Gesamtkosten des Projektes.

Tabelle 7.1 zeigt die grundlegenden Begriffe und Abkürzungen der EVA sowie deren Bedeutung. Soweit relevant, ist auch die entsprechende Formel zur Berechnung der jeweiligen Werte beinhaltet.

Tabelle 7.1 EVA-Formeln

Abk.	Begriff	Bedeutung	Formel
PV	Planned Value (geplanter Wert)	Geplante Kosten der Arbeit, deren Fertigstellung bis zu einem bestimmten Zeitpunkt geplant ist.	N/A
EV	Earned Value (Fertigstellungswert)	Geplante Kosten der Arbeit, die bis zu einem bestimmten Zeitpunkt tatsächlich verrichtet wurde.	N/A
AC	Actual Cost (Istkosten)	Tatsächliche Kosten der Arbeit, die bis zu einem bestimmten Zeitpunkt verrichtet wurde.	N/A
BAC	Budget at Completion (Gesamtbudget)	Geplante Gesamtkosten des Projektes.	N/A
CV	Cost Variance (Kostenabweichung)	Differenz zwischen dem tatsächlichen Fertigstellungswert und den tatsächlich angefallenen Kosten zu einem bestimmten Zeitpunkt. Negativ: über Budget Positiv: unter Budget	EV - AC
SV	Schedule Variance (Terminabweichung)	Differenz zwischen dem tatsächlichen Fertigstellungswert und den geplanten Kosten zu einem bestimmten Zeitpunkt. Negativ: Terminverzug Positiv: Terminvorsprung	EV/PV

Abk.	Begriff	Bedeutung	Formel
CPI	Cost Performance Index (Kostenentwicklungsindex)	Indikator für die Kosteneffizienz. Kleiner 1: negativ Größer 1: positiv	EV/AC
SPI	Schedule Performance Index (Terminentwicklungsindex)	Indikator für die Termineffizienz Kleiner 1: negativ Größer 1: positiv	EV/PV

7.1.4 Risikocontrolling

Auch die Projektrisiken sollten Sie einem regelmäßigen Controlling bezüglich Eintrittswahrscheinlichkeit und Auswirkungen/Schäden unterziehen. Insbesondere bei Änderungen in Arbeitspaketen, wenn neue Arbeitspakete hinzugefügt werden oder wenn sich Änderungen im Projektablauf ergeben, sollten Sie die bestehenden Risiken überprüfen, nicht mehr relevante Risiken streichen und neue Risiken definieren. Bitte beachten Sie, dass es gegebenenfalls notwendig ist, die Projektpläne (Projektstruktur-, Netz-, Balken-, Ressourcen- und Kostenplan) anzupassen, da neue Maßnahmen auch zu neuen Arbeitspaketen führen, die logische und/oder zeitliche Abfolge im Projekt verändern, zusätzliche Ressourcen benötigen und kostenrelevant sein können.

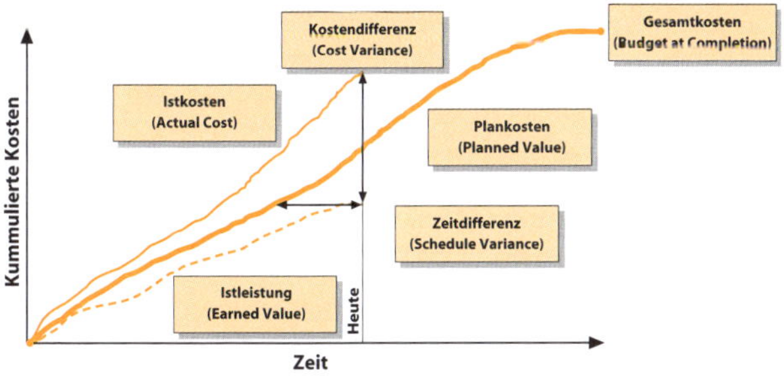

Bild 7.4 EVA-Kurve

Projektcontrolling

- Sorgen Sie dafür, dass Ihnen die Ist-Daten (z. B. Kostenzugänge) des Projektes zeitnah zur Verfügung stehen, denn sonst können Sie kein effektives Controlling durchführen.
- Stellen Sie sicher, dass in Ihrem Projektteam eine Vertrauenskultur herrscht, denn Sie müssen sich auf die Ist-Daten verlassen können, die Ihnen genannt werden.
- Lassen Sie sich Ist-Daten nicht nur liefern, sondern holen Sie diese auch aktiv ein. Dadurch zeigen Sie Interesse an der Arbeit Ihrer Projektmitarbeiter und somit auch Ihre Qualitäten als Projektleiter.

7.2 Claim Management

Innerhalb des Claim- und Change Management müssen Sie grundsätzlich zwischen den Begriffen „Claim (Forderung)" und „Change Request (Änderungsanfrage)" unterscheiden (Bild 7.5).

Der Begriff „Claim“ bedeutet die Nachforderung einer Lieferung/Leistung, die nach Auffassung eines Vertragspartners zwar im Vertrag enthalten ist, aber nicht (vollständig) erbracht wurde.

Im Gegensatz zu Change Requests, bei denen bei beiden Vertragspartnern Übereinstimmung über die Änderung besteht, gibt es beim Claim Uneinigkeit, ob die entsprechende Mehrleistung durch den bestehenden Vertrag abgedeckt ist.

Im Allgemeinen entstehen Claims aus eintretenden Risiken oder Vertragsunklarheiten. Die Leistungserbringung ist bei Stellung des Claims häufig schon erfolgt. Außerdem bestehen Claims nicht nur aus Änderungen des Vertragsumfangs, sondern auch aus Änderungen im Abwicklungsprozess. Die dabei erbrachten Leistungen dienen der sachlich oder zeitlich korrekten Ausführung des Vertrags.

Hieraus wird deutlich, dass Claims vom Claimgegner immer infrage gestellt werden. Ihre Durchsetzung wird also umso einfacher, je konkreter der Abwicklungsprozess für das jeweils vorliegende Projekt geplant und dokumentiert ist.

Change Requests sind im Projekt anfallende Änderungen des vertraglich vereinbarten Liefer- und Leistungsumfanges, die zwischen Auftraggeber und Auftragnehmer einvernehmlich vereinbart werden. Diese Abweichungen von dem ursprünglichen Vertragsumfang, auch Zusatzleistungen genannt, können sowohl vom Auftraggeber gewünschte Erweiterungen des Liefer-/Leistungsumfanges sein als auch Änderungen im vereinbarten Projektablauf bezogen auf Kundenbeistellungen oder vom Auftraggeber zu vertretende Terminänderungen. Unterschiedliche Meinungen über die Auswirkungen auf die Kosten und die Projekttermine können allerdings bestehen.

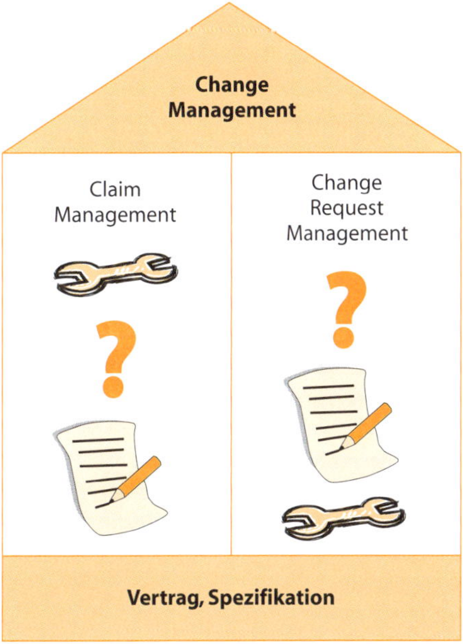

Bild 7.5 Change Management

Voraussetzung für ein systematisches und effizientes Change Management und Claim Management ist ein strukturiertes, detailliertes und vollständiges Vertragswerk.

Der professionelle Umgang mit vertragsrelevanten Änderungen des Liefer- und Leistungsumfanges während der Projektlaufzeit schafft ein klares und geordnetes Verhältnis zwischen den Vertragspartnern und ermöglicht die Durchsetzung eigener Interessen sowie die Abwehr von unberechtigten Forderungen der Vertragspartner (Auftraggeber, Unterauftragnehmer, Lieferanten).

7.3 Projektbesprechungen und Berichtswesen

WORUM GEHT ES?

Besprechungen sind regelmäßige und unverzichtbare Aufgaben in einem Projekt. Die Notwendigkeit von Projektbesprechungen steht außer Frage, allerdings sollten Sie darauf achten, dass Anzahl, Dauer und Aufwand in einem, dem Projekt entsprechenden Verhältnis erfolgen. Das Gleiche gilt für die Projektstatusberichte, welche ohne größeren Aufwand vom Projektleiter erstellt werden und auf die wesentlichen Fakten im Projekt beschränkt sein sollten. Dies garantiert auch eine angemessene Kenntnisnahme durch das Management.

WAS BRINGT ES?

Besprechungen effizient zu gestalten bedeutet:

- die Anzahl der Besprechungen zu minimieren und unnötige Besprechungen zu vermeiden,
- die Anzahl der Teilnehmer auf das notwendige Minimum zu beschränken,
- Protokolle und Action-Item-Listen knapp, aber übersichtlich zu gestalten,
- den Aufwand für die Nachbereitung zu reduzieren

und damit den gesamten Projektverlauf zu optimieren.

Eine geregelte und nachvollziehbare Informationspolitik ist ebenfalls ein entscheidender Erfolgsfaktor im Projekt. Ein geregelter Informationsfluss im Projekt erhöht die Effizienz und Transparenz und kann stark zur Vermeidung von Problemen und Missverständnissen beitragen.

WIE GEHE ICH VOR?

7.3.1 Projektbesprechungen

Besprechungen sind ein erheblicher Zeitfresser in Projekten und sollten daher sorgfältig geplant und durchgeführt werden.

Sie können die Projektbesprechungen wie folgt unterteilen:

- **Ergebnisgesteuerte Projektbesprechung (Krisensitzung)**
  Die ergebnisgesteuerte Projektbesprechung, auch Meilensteinsitzung genannt, findet zum Abschluss eines festgelegten Projektabschnittes (Meilenstein) statt. In diesem Projektabschnitt sind bestimmte Ergebnisse erarbeitet worden, diese bilden die Grundlage für die Tagesordnung der Besprechung.
- **Ereignisgesteuerte Projektbesprechung**
  Bestimmte, nicht vorhersehbare Ereignisse sind im Projekt eingetreten oder drohen einzutreten. Diese Besprechungen sind nicht planbar und unterliegen als Ad-hoc-Sitzungen nicht unbedingt den nachfolgend aufgeführten Regeln bezüglich Planung und Vorbereitung.
- **Regelmäßige Projektbesprechung (Jour fixe)**
  Regelmäßige Projektbesprechungen finden je nach Projektart und Laufzeit z. B. wöchentlich oder monatlich statt.

Typische Tagesordnungspunkte einer Projektbesprechung

- Begrüßung und Einleitung
- Verabschiedung des Protokolls der letzten Projektbesprechung (falls nicht online erstellt und bereits abgestimmt)
- Überblick über den Projektstatus (Termine, Ressourcen, Kosten, Ergebnisse)
- Durchsprache der „Action-Item-Liste"
- Überprüfung der Risikoliste
- Freigabe von Projektergebnissen
- Änderungswünsche des Kunden
- Projektrelevante Probleme
- Planung der nächsten Phase(n)
- Claims und Change Requests
- Termin der nächsten PSS

Besprechungsprotokoll

Die Erstellung eines Besprechungsprotokolls ist bei jeder Projektbesprechung zwingend notwendig. Ernennen Sie deshalb vor der Besprechung oder spätestens zu deren Beginn einen Protokollführer, der die Ergebnisse, Beschlüsse und Aktionen festhält. Zeitnah im Anschluss an die Sitzung sollte das Protokoll dann an alle Teilnehmer verteilt werden.

Erstellen Sie das Protokoll, wenn möglich, bereits während der Besprechung und holen Sie sich die Zustimmung der Anwesenden zu den einzelnen Beschlüssen unmittelbar ein.

Das Protokoll enthält neben den allgemeinen Daten wie Thema, Veranstalter, Zeit und Ort, Teilnehmer und Unterrichtete, die während der Besprechung getroffenen Beschlüsse, Action-Items sowie weitere wichtige Informationen.

Action-Item-Liste (Liste offener Punkte - LOP)

Als Resultate der Projektbesprechungen werden neben den Ergebnissen und Beschlüssen in der Regel diverse Aufgaben vergeben. Halten Sie diese Maßnahmen in einer eigenen Action-Item-Liste fest. Diese gibt dann einen Überblick über die im Projekt zu erledigenden Tätigkeiten, die jeweiligen Verantwortlichen und die Termine. Die Action-Item-Liste wird regelmäßig aktualisiert und enthält zusammengefasst die zum aktuellen Zeitpunkt offenen Punkte. (Die bereits erledigten Action-Items können Sie der besseren Übersicht wegen ausblenden.)

Besprechungen durchführen

- Engagieren Sie für entscheidende/kritische Sitzungen einen (Projekt-)externen Moderator.
- Erstellen Sie die Protokolle immer zeitnah zu den Sitzungen. Lassen Sie bei wichtigen Besprechungen (z. B. mit Auftraggeber oder Unterauftragnehmer) die Protokolle unmittelbar am Ende der Sitzung von den Vertragspartnern unterzeichnen.
- Dokumentieren Sie konsequent alle Action-Items in einer konsolidierten Action-Item-Liste.
- Löschen Sie erledigte Action-Items nicht. Mit Hilfe der konsolidierten Action-Item-Liste können Sie zu einem späteren Zeitpunkt bzw. beim Projektabschluss die Historie des Projektverlaufs nachvollziehen (Lessons Learned).

7.3.2 Berichterstattung

Zu festgelegten Controllingzeitpunkten im Projekt, z. B. zum Ende eines jeden Monats, erstellen Sie als Projektleiter einen Statusbericht (Bild 7.6). Zu diesem Zweck ist es erforderlich, dass die Berichte der jeweiligen Teilprojektleiter und/oder

Arbeitspaket-Verantwortlichen ca. eine Woche vor Abgabe dieses Statusberichtes vorliegen, um die aktuellen Ergebnisse des Projektfortschrittes einarbeiten zu können. Der Projektstatus wird in der Regel an den Lenkungsausschuss berichtet.

Folgende Informationen sollten Sie in den Statusbericht aufnehmen:

- Kopf (allgemeine Projektinformationen)
- Kurzbeschreibung des Projektes
- Grafische Darstellung der Termin- und Kostensituation (Meilenstein- und Kostentrendanalyse)
- Projektstatus (Symbol, z. B. Smiley, Ampel)
- Kurzer inhaltlicher Projektstatus (technisch und kommerziell)
- Eventuell notwendige oder bereits eingeleitete Maßnahmen
- Eventuell notwendige Entscheidungen

7.3.3 Informationsfluss im Projekt

Richten Sie den Informationsfluss für jedes Projekt spezifisch ein, gestalten Sie ihn sinnvoll, damit ein geregelter und optimaler Informationsfluss im Projekt entsteht.

Klären Sie dazu folgende Fragen:

- Wer benötigt welche Informationen im Projekt?
- Welche Medien sollen/wollen Sie in Ihrem Projekt für die Informationsweitergabe nutzen?
- Wie müssen die Informationen für den/die Empfänger aufbereitet sein?
- Wer ist für die Weitergabe der verschiedenen Informationen verantwortlich?
- Welchen Rücklauf brauchen Sie zu einzelnen Informationen?

Produkt: ???	Version: **V 1.4**	Monat:	**Aug 07**
Projekt: **ABC**	Projektleiter: **Name, Abteilung**	Status:	

Projektbeschreibung:
Kurzbeschreibung des Projektes

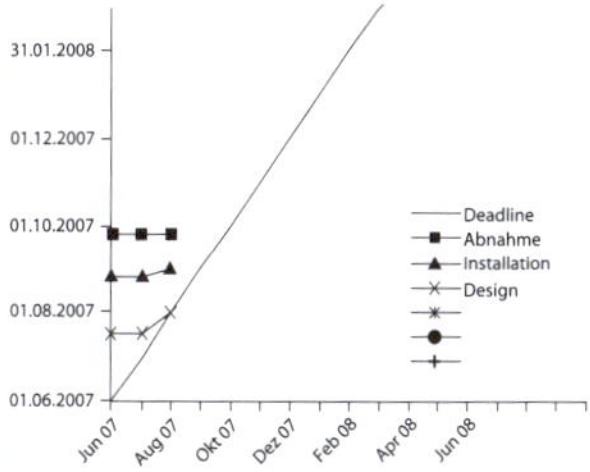

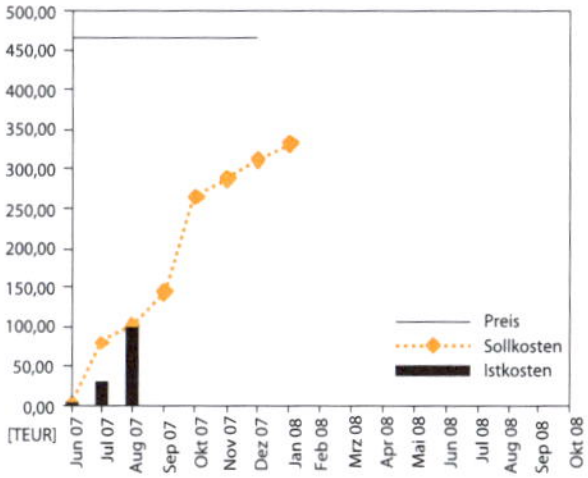

Abnahmetermin 25.09.2007

Controlling-Kriterien:	SOLL	IST	V-IST	Status	Bemerkung
Termine / Arbeitsfortschritt					
Kosten / Zahlungseingänge					
Ressourcen					
Risiken / Chancen					
Claims					
Change Requests / Change Orders					
Qualität					
Bestände					

Getroffene Maßnahmen:
Erforderliche Maßnahmen:
Notwendige Entscheidungen:

Bild 7.6 Projektstatusbericht

Verteilung von Informationen

Der optimale Informationsfluss beinhaltet eine gezielte Verteilung der Informationen an die Empfänger. Verteilen Sie auf keinem Fall Informationen, Korrespondenz, Dokumente usw. „via Broadcast“ an alle Projektmitarbeiter. Dies führt zu einer Informationsflut und dadurch zu einer verspäteten Kenntnisnahme von wichtigen Informationen seitens der Betroffenen.

Es ist relativ leicht, Informationen per E-Mail weiterzugeben und breit zu streuen. In diesem Zusammenhang spricht man von E-Mail-Flut. Der Empfänger kann sich gegen diese Informationsflut nicht wehren. Es liegt daher in der Verantwortung des Verteilenden, Informationen gezielt weiterzugeben.

Legen Sie bei Projekten, bei denen die Teammitglieder räumlich getrennt sind, die Informationswege unbedingt am Anfang des Projektes fest und stimmen Sie diese ab. Dies ist sehr wichtig, da sich die einzelnen Mitarbeiter nicht täglich sehen und der Kontakt hauptsächlich über verschiedene Medien zustande kommt. Die Gefahr, dass Informationen verloren gehen bzw. verspätet eintreffen, ist bei verteilten Projekten ungleich höher als bei Projektteams, die sich an einem Standort befinden.

Wählen Sie zur Informationsübermittlung die geeigneten Medien. Diese müssen für alle Beteiligten frei zugänglich sein. Beachten Sie dies besonders bei internationalen Projekten.

Eine bewährte Methode zur gezielten Informationspolitik ist die Erstellung und Abstimmung einer Informationsmatrix zu Beginn des Projektes (Bild 7.7). In dieser Matrix sind, basierend auf dem Projektstrukturplan, die Ergebnisse der einzelnen Arbeitspakete aufgeführt sowie Informationen darüber, wer für die Erstellung verantwortlich ist (V), wer mitarbeitet (M), wer informiert wird (I) etc. Zusätzlich wird festgelegt, auf welchem Weg (Mail, Fax, Intranet etc.) die jeweilige Information weitergegeben wird.

Arbeitspaket	Ergebnis	PM	Kaufm.	TPL1	TPL2	TPL3	QS	Planer	Syst.-Ing.	Medium
Projektbesprechungen	Protokoll	M	I	I	I	I	I	V	I	Intranet
	AI-Liste	I	I	I	I	I		V	I	Intranet
SW-Design	SW-Design-Dokument	F		M	M	M	I		V	E-Mail
Legende: V: Verantwortlich I: Informiert M: Mitwirkend F: Freigabe TPL: Teilprojektleiter PM: Projektmanager	SW-Modul 1 Beschreibung			V	I	I			F	E-Mail
	SW-Modul 2 Beschreibung			I	V	I			F	E-Mail
	SW-Modul 3 Beschreibung			I	I	V			F	E-Mail

Bild 7.7 Informationsmatrix

8 Projektabschluss

WORUM GEHT ES?

Nach Projektende sollte das Projekt gemeinsam von den Beteiligten abgeschlossen und gegebenenfalls an eine Nachfolgeorganisation (z. B. Service) übergeben werden. In diesem Kapitel finden Sie Hinweise für eine strukturierte Herangehensweise an den Projektabschluss.

Voraussetzung für den Projektabschluss ist die Abnahme der Projektergebnisse durch den Auftraggeber.

WAS BRINGT ES?

Durch einen ordnungsgemäßen Projektabschluss werden einerseits der Projektleiter und das Projektteam entlastet, andererseits können sich die in dem jeweiligen Projekt gewonnenen Erkenntnisse in Folgeprojekten zum Vorteil auswirken. Informieren Sie alle im Umfeld Beteiligten vom Abschluss des Projektes und veranlassen Sie, dass die im Projekt errungenen Erfolge auch gebührend gewürdigt und gefeiert werden.

Sichern Sie das technische Wissen und die Erfahrungen in der Teamarbeit für Nachfolgeprojekte. Damit können Sie und Ihre Kollegen in Zukunft Fehler vermeiden und Aufwand reduzieren.

WIE GEHE ICH VOR?

8.1 Das Projekt abschließen

„Gleitender" Projektabschluss

Ein strukturiertes Herangehen an den Projektabschluss ist leider nicht immer gewährleistet. Dies hängt häufig damit zusammen, dass bei vielen Projekten der Abschluss „gleitend" verläuft, das Projekt in eine andere Phase überführt wird oder ein Großteil der Projektmitarbeiter bereits wieder in seiner Linie oder in anderen Projekten integriert ist.
Auch wird mit Argumenten wie:

- „Das Projekt ist eh gelaufen",
- „Für das Projekt können wir sowieso nichts mehr tun",
- „Das kostet nur Geld!"

nach Begründungen gesucht, um die zum Projektende erforderlichen Maßnahmen nicht durchführen zu müssen.

Die Vorteile eines gewissenhaften Projektabschlusses liegen jedoch auf der Hand. Aus dem abgeschlossenen Auftrag können Sie wesentliche Erkenntnisse und Erfahrungen für zukünftige Projekte ableiten. Ziehen Sie dabei sowohl die Sachergebnisse als auch die Art und Weise der Zusammenarbeit in Betracht.

Maßnahmen zum Projektabschluss

- Abschlussbericht und Nachkalkulation
- Internes Projektabschlussgespräch
- Projektabschluss mit dem Auftraggeber
- Public Relations und Marketingmaßnahmen
- Abschlussfeier
- Sicherstellung des Know-how-Transfers
- Projektübergabe und Abschlussdokumentation
- Bestimmung der Restaktivitäten
- Reintegration der Projektmitarbeiter

Checkliste zum Projektabschluss

- Gab es eine Planung des Projektabschlusses?
- Wurde ein Projektabschlussgespräch durchgeführt?
- Wurde der Abschlussbericht erstellt?
- Wurde eine Nachkalkulation erstellt?
- Wurde die vollständige Dokumentation an den Auftraggeber übergeben?
- Wurde die Projektdokumentation archiviert und für andere Kollegen zugänglich gemacht?
- Sind Projektleiter und Team entlastet?
- Ist die Integration der Projektteammitglieder in die Linie oder in andere Projekte geklärt?
- Sind die Restarbeiten erledigt bzw. übergeben?
- Ist das Abnahme-/Übergabeprotokoll vom Auftraggeber unterschrieben?
- Sind die Projektkonten geschlossen?
- Sind die Abschlussrechnungen erstellt?
- Ist der Know-how-Transfer sichergestellt?
- Wurden die Projektmitarbeiter durch Führungskräfte und Projektleiter beurteilt?
- Sind Pflege, Wartung und Gewährleistung organisiert?
- Ist die Abschlussfeier organisiert?
- Ist die Verwendung der Infrastruktur (z. B. Räumlichkeiten, Möbel, Büromaterial, DV-Ausstattung) geklärt?
- Wurde der Projektabschluss mit dem Auftraggeber (und Unterauftragnehmern) entsprechend durchgeführt?
- Wurden evtl. Bankbürgschaften und/oder Währungssicherungen aufgelöst?
- Sind adäquate Marketing- und PR-Maßnahmen eingeleitet?

Diese Checkliste ist ein Auszug aus den Themenbereichen beim Projektabschluss und soll Ihnen als Hilfestellung dienen. Sie ist je nach Projekt entsprechend anzupassen und zu ergänzen.

8.2 Das Projektabschlussgespräch/ Lessons Learned

Das Projektabschlussgespräch (PAG) beinhaltet einen Soll-Ist-Vergleich zwischen den geplanten und den erreichten Projektzielen. In dieser Besprechung sollte nicht nur darüber gesprochen werden, was schiefgelaufen ist, sondern vor allem auch darüber, was besonders gut lief. Auf keinen Fall sollte das PAG in Schuldzuweisungen enden. Ziel des PAG sind der Vergleich der Projektergebnisse (Kosten, Termine etc.) mit der ursprünglichen Planung und die Ermittlung der Ursachen für evtl. Abweichungen. Ein Abgleich der Risikoanalyse zeigt, wie treffend die Prognose war. Daraus können Sie Konsequenzen für Folgeprojekte ableiten („Lessons Learned", „Best Practice").

Es kann durchaus sinnvoll sein, das Projektabschlussgespräch mit einem Lessons-Learned-Workshop zu kombinieren, denn dadurch erhält man innerhalb relativ kurzer Zeit einen guten Überblick darüber, was in einem Projekt gut und weniger gut gelaufen ist, und was in den weiteren Projekten verbessert werden soll.

Was bedeutet Lessons Learned? Es ist die Absicht,

- vergangene Fehler, Pannen und Missgeschicke in zukünftigen Projekten zu vermeiden,
- Erfahrungen und „Good Practices" zu teilen,
- Best Practices zu bestärken,
- Verhalten und/oder Prozesse zum Besseren zu verändern.

Warum sollten Sie den Aufwand betreiben, „Lessons Learned“ systematisch zu erfassen?

- Um aus früheren Projekten, Erfahrungen, Erfolgen und Fehlern zu lernen,
- um diese Erfahrungen auf neue Projekte zu übertragen und zu integrieren,
- um in der täglichen Projektarbeit Zeitaufwand und Nerven zu sparen, wenn Sie die Lessons Learned anderer Kollegen anwenden.

Die Vorgehensweise zur systematischen Erfassung und Verwendung von Lessons Learned verdeutlicht Bild 8.1.

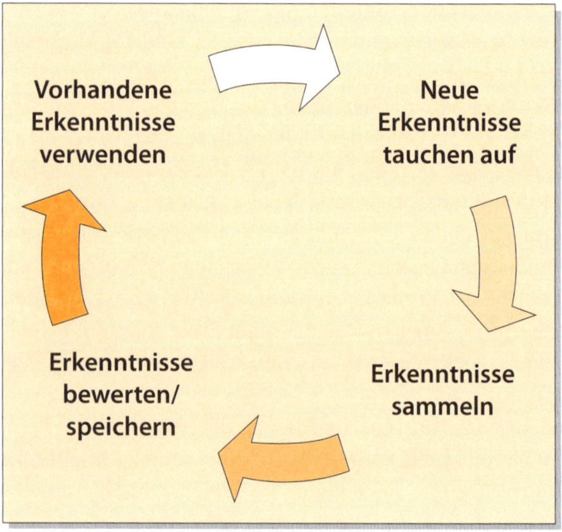

Bild 8.1 Lessons Learned

Lessons Learned

Es ist keine Schande, einen Fehler zu machen, aber es ist eine Schande, den gleichen Fehler zweimal zu machen. Besser ist es, aus eigenen und den Fehlern anderer zu lernen. Deshalb ist es wichtig, dass Sie die gewonnenen Erkenntnisse und Erfahrungen schriftlich festhalten und dafür sorgen, dass das Know-how für Folgeprojekte gesichert wird.

Dokumentieren Sie diese Erkenntnisse und Erfahrungen in einer Projektdatenbank, die für alle Mitarbeiter verfügbar ist.

Bei der Rückschau auf die Zusammenarbeit spielen folgende Fragen eine Rolle:

- Welche positiven Beiträge sind von wem geleistet worden?
- Wie war die Zusammenarbeit im Projekt?
- Hat es Störungen in der Zusammenarbeit gegeben?
- Was waren unsere Stärken und Schwächen?
- Wo gibt es Verbesserungspotenziale?
- Wie zufrieden sind die Mitarbeiter mit dem Projektverlauf?
- Würden Sie sich noch einmal darauf einlassen?

Das PAG bietet eine gute Gelegenheit für ein ausführliches Feedback der Teammitglieder untereinander sowie zwischen Team und Ihnen als Projektleiter.

Der Teilnehmerkreis für das PAG beschränkt sich auf den Projektleiter und das (Kern-)Team. Auftraggeber, Unterauftragnehmer und Lenkungsausschuss sollten nicht Teilnehmer des internen PAG sein. Für diesen Kreis sollten gegebenenfalls separate Besprechungen zum Projektabschluss durchgeführt werden.

8.3 Abschlussbericht

Erarbeiten Sie den Projektabschlussbericht im PAG gemeinsam mit dem Projektteam. Er beinhaltet alle Themen zur Sicherung der Erfahrungen und Erkenntnisse während der Projektlaufzeit sowohl für die Projektbeteiligten als auch für andere Personen im Umfeld.

Inhalte eines Projektabschlussberichtes

- Projektbezeichnung und Identifizierung
- Projektbeteiligte (Auftraggeber, Unterauftragnehmer, Projektleiter, Teammitglieder)
- Informationen zur Erreichung der Sachziele (Projektanforderungen, Liefer-/Leistungsumfang)
- Informationen zur Erreichung der Kostenziele
- Informationen zur Erreichung der Terminziele
- Risikostatus
- Stärken (Was ist gut gelaufen?)
- Schwächen (Was ist weniger gut gelaufen?)
- Verbesserungspotenziale
- Besonderheiten, technische Highlights
- Gezielte Hinweise für Nachfolgeprojekte

Mit der Übergabe des Projektes wird der Projektleiter aus der Verantwortung entlassen und das weitere Vorgehen wird je nach Projektart z. B. von einer Service-Einheit übernommen. Das gemeinsam erstellte Übergabeprotokoll dient als Basis für die weiteren Aktivitäten der übernehmenden Abteilung.

Inhalte eines Übergabeprotokolls

- Aktueller Status des Projektes
- Kurze Zusammenfassung des Projektablaufes
- Projektmeilensteine
- Informationen zum Auftraggeber (Ansprechpartner etc.)
- Bestehende Verträge
- Übersicht über die Projektergebnisse (Konfigurationslisten der Hardware, Software, Dokumentation etc.)
- Abnahme- und Übergabeprotokolle
- Offene Punkte und Restarbeiten
- Fehlerlisten und -status
- Gewährleistungs- und Wartungsverpflichtung
- Sonstige relevante Informationen

Das Projekt abschließen

- Nehmen Sie sich Zeit für ein ausführliches Projektabschlussgespräch.
- Dokumentieren Sie den Projektabschluss gewissenhaft, dann können in ähnlichen oder Nachfolgeprojekten Fehler und Mehraufwendungen vermieden werden.
- Unterstützen Sie Ihre Projektmitarbeiter bei der Suche nach einer neuen Aufgabe in der Linie oder einem Nachfolgeprojekt.
- Beschränken Sie sich im **offiziellen** Projektabschlussbericht auf die Zahlen, Daten und Fakten. Die teaminternen Aspekte bezüglich Zusammenarbeit, Stärken, Verbesserungspotenzialen, Feedback etc. sind nicht für die „Öffentlichkeit" bestimmt und sollten in einem separaten „Protokoll" festgehalten werden.
- Stellen Sie Budget und Zeit für eine Projektabschlussfeier zur Verfügung.
- Danken Sie Ihren Projektmitarbeitern für die konstruktive Zusammenarbeit.

Literatur

Blanchard, K. und *Zigarmi, P.*: *Der Minuten Manager - Führungsstile.* Reinbek 2000, Rowohlt

Burghard, M.: *Einführung in Projektmanagement.* Definition, Planung, Kontrolle, Abschluss. Weinheim 2001, Wiley-VCH

Covey, S.: *Die sieben Wege zur Effektivität.* Frankfurt 2005, Campus

DeMarco, T.: *Bärentango. Mit Risikomanagement Projekte zum Erfolg führen*, München 2003, Hanser

DeMarco, T.: *Der Termin. Ein Roman über Projektmanagement.* München 2007, Hanser

DeMarco, T.: *Spielräume. Projektmanagement jenseits von Burnout, Stress und Effizienzwahn.* München 2001, Hanser

Fisher, R. und *Ury, W.*: *Das Harvard-Konzept. Sachgerecht verhandeln - erfolgreich verhandeln.* Frankfurt 1996, Campus

Harrant, H. und *Hemmrich, A.*: *Risikomanagement in Projekten.* München 2004, Hanser

Litke, H. D.: *Projektmanagement - Handbuch für die Praxis.* München 2005, Hanser

Meredith, J. R. und *Mantel, S. J.*Jr.: *Project Management. A managerial approach.* 2000, John Wiley & Sons

PMI: *A Guide to the Project Management Body of Knowledge* (Third edition). NewtownSquare 2013

Projektmanagement Grundlagen. Lernsoftware auf CD-ROM. München 2002, Siemens Qualifizierung und Training

Sprenger, K.: *Mythos Motivation. Wege aus einer Sackgasse.* Frankfurt 2014, Campus